FORSCHUNGSERGEBNISSE
DES VERKEHRSWISSENSCHAFTLICHEN INSTITUTS
AN DER TECHNISCHEN HOCHSCHULE STUTTGART

HERAUSGEGEBEN VON PROF. DR.-ING. WALTHER LAMBERT

HEFT 19

ÖLFERNLEITUNGEN

IN VERKEHRSWIRTSCHAFTLICHER SICHT

MIT 21 ABBILDUNGEN
UND 30 TABELLEN

SPRINGER-VERLAG BERLIN HEIDELBERG GMBH

1962

ISBN 978-3-540-02816-1 ISBN 978-3-662-12625-7 (eBook)
DOI 10.1007/978-3-662-12625-7

URSPRUNGLICH ERSCHIENEN BEI SPRINGER-VERLAG OHG., BERLIN/GÖTTINGEN/HEIDELBERG 1962
SOFTCOVER REPRINT OF THE HARDCOVER 1ST EDITION 1962

Vorwort

Der Leitungsverkehr als besonderer Zweig des Verkehrswesens hat seit einigen Jahrzehnten zunehmend an Bedeutung gewonnen. Die Fortschritte der Technik machten es möglich, immer größere Entfernungen durch Leitungen sicher und wirtschaftlich zu überwinden.

Die Ölfernleitungen, die seit wenigen Jahren in den westeuropäischen Verkehrsmarkt eindringen, hängen mit dem steilen Anstieg des Mineralölverbrauchs zusammen. Anders als die Fernleitungen für elektrische Energie, Gas und Wasser treten sie in direkten Wettbewerb zur Binnenschiffahrt und Eisenbahn. Die vorhandenen Verkehrsmittel geraten in die Gefahr, den zunehmenden Mineralölfernverkehr an die Ölleitungen zu verlieren und außerdem — wegen der Substitution der Kohle durch das Heizöl — Verluste im Kohlenfernverkehr zu erleiden.

Die geänderten Wettbewerbsverhältnisse haben das Verkehrswissenschaftliche Institut an der Technischen Hochschule Stuttgart dazu angeregt, die Ölfernleitungen in verkehrswirtschaftlicher Sicht zu untersuchen. Dabei wurde in erster Linie die Lage in der Bundesrepublik Deutschland behandelt, aber auch der internationale Zusammenhang der Mineralölwirtschaft berücksichtigt.

Die wesentlichen Ergebnisse der Untersuchungen des Instituts sind im vorliegenden Heft zusammengefaßt. Im Teil I ist der Umbruch des Mineralölverkehrs behandelt. Das nach Arten und Umfang zunehmende Verkehrsbedürfnis führt zu einer solchen Verstärkung der Verkehrsströme, daß streckenweise der Einsatz von Ölfernleitungen wirtschaftlich werden kann. Um die Auswirkungen der Ölfernleitungen auf die Verkehrsteilung beurteilen zu können, ist daher auch die Kenntnis ihrer Einsatzgrenzen notwendig.

Die spezielle Untersuchung der Einsatzgrenzen der Ölfernleitungen bildet den Teil II des Heftes. Aus einem verkehrswirtschaftlichen Vergleich der Beförderung leichtflüssiger Mineralöle durch Rohrleitungen sowie mit Eisenbahnzügen und Binnenschiffen wird abgeleitet, unter welchen Bedingungen der Bau von Ölfernleitungen volkswirtschaftlich sinnvoll ist.

Allen Herren und Unternehmen, die die Untersuchungen des Verkehrswissenschaftlichen Instituts durch Auskünfte und Bereitstellung von Arbeitsunterlagen gefördert haben, sei an dieser Stelle aufrichtig gedankt. Der Vereinigung von Freunden der Technischen Hochschule Stuttgart sei für die finanzielle Förderung der Drucklegung besonderer Dank ausgesprochen. Ferner danke ich meinem Assistenten, Herrn Dipl.-Ing. E. Hentschel, für die Mithilfe bei Einzelausarbeitungen und der Vorbereitung des Druckes.

Der Springer-Verlag, der bisher die Forschungshefte des Instituts verlegte, hat in entgegenkommender Weise den Druck und Verlag auch dieses Heftes übernommen.

Walther Lambert

Stuttgart, im April 1962

Inhaltsverzeichnis

I. Mineralölverkehr im Umbruch

Von Professor Dr.-Ing. Walther **Lambert**

II. Einsatzgrenzen der Ölfernleitungen

Verkehrswirtschaftlicher Vergleich der Beförderung leichtflüssiger Mineralöle mit Massenverkehrsmitteln

Von Dr.-Ing. Dietrich **Meyer**[1]

[1] Von der Technischen Hochschule Stuttgart genehmigte Dissertation

I. Mineralölverkehr im Umbruch

Von Professor Dr.-Ing. Walther **Lambert**

1. Einleitung

Der Mineralölverkehr unterliegt seit dem zweiten Weltkrieg einem grundlegenden Wandel, dessen bestimmende Merkmale einerseits der außerordentliche Verkehrszuwachs und andererseits das Bestreben der Mineralölwirtschaft sind, das Rohöl möglichst dicht bei den Verbrauchszentren zu verarbeiten und dazu neue Großraffinerien in West- und Süddeutschland zu errichten. In Verbindung damit ist die Mineralölwirtschaft ferner bestrebt, die großen Mengen an Rohöl und Ölprodukten wirtschaftlicher zu befördern und insbesondere dort, wo es die Stärke und Beständigkeit der Verkehrsströme rentabel erscheinen läßt, Ölleitungen einzusetzen.

Das Vordringen der großen „Pipelines" nach Westeuropa regt dazu an, dieses hier noch neue Verkehrsmittel in verkehrswirtschaftlicher Hinsicht näher zu betrachten. Im folgenden sollen die Auswirkungen, die die Ölfernleitungen im Zusammenhang mit dem Strukturwandel in der Mineralölversorgung auf die bisherige Verkehrsteilung in der Bundesrepublik Deutschland haben können, untersucht werden.

Dazu sind zunächst der Stand und die voraussichtliche Entwicklung der Verkehrsbedürfnisse und der Verkehrsströme auf dem Mineralölsektor aufzuzeigen. Der anschließende Überblick über die bestehenden und geplanten Ölfernleitungen in Westeuropa läßt erkennen, welche Möglichkeiten auf dem Mineralölverkehrsmarkt von dem neuen Wettbewerber schon genutzt worden sind. Die Auswirkungen der Ölfernleitungen auf die Verkehrsteilung werden schließlich stark von der Leistungsfähigkeit und der Wirtschaftlichkeit der Mineralöltransportmittel im Massenverkehr beeinflußt (s. Teil II).

Auf die verkehrspolitischen Fragen, die mit den Ölleitungen zusammenhängen, soll hier nicht eingegangen werden. Dazu wird auf das Gutachten über Mineralölfernleitungen des Wissenschaftlichen Beirats beim Bundesverkehrsministerium verwiesen[1].

2. Zunahme der Verkehrsbedürfnisse

Im vergangenen Jahrzehnt ist in Westeuropa der Verbrauch an Mineralölen im Vergleich zu dem anderer Energieträger überdurchschnittlich gestiegen. Das ist einesteils auf die starke Zunahme des motorisierten Verkehrs zurückzuführen, zum größeren Teil aber auf das Eindringen des Heizöls in den Wärmemarkt, der bisher von der Kohle beherrscht worden war.

Auch in der Bundesrepublik Deutschland fällt der Mineralölbedarf durch sein besonders starkes Wachstum aus dem Rahmen der anhaltenden allgemeinen Zunahme des Energiebedarfs heraus. Wie aus den in der Tab. 1 zusammengestellten Anteilen der Rohenergieträger am Primärenergieverbrauch hervorgeht, nimmt vor allem der Anteil der Steinkohle zugunsten des Heizöls stark ab. Die Gründe dafür liegen vor allem in den Verschiebungen des Preisverhältnisses zwischen Kohle und Öl, aber auch in der größeren Bequemlichkeit der Verbraucher.

---

[1] „Gutachten über Mineralölfernleitungen", Heft 8 der Schriftenreihe des Wissenschaftlichen Beirats beim Bundesverkehrsministerium, Bad Godesberg 1960

Tabelle 1. *Anteile der Rohenergieträger am Primärenergieverbrauch in der Bundesrepublik Deutschland*

Rohenergieträger	1950	1955	1960
	% des Gesamtverbrauchs		
Steinkohle	72	70	59
Braun- und Pechkohle	18	17	16
Öl	5	9	21
(davon Heizöl)	(0,4)	(2)	(10)
Wasserkraft	3	3	3
Sonstige (Erdgas, Holz, Torf)	2	1	1
Insgesamt	100	100	100

Quelle: R. FISCHER: „Entwicklungstendenzen auf dem deutschen Energiemarkt", Der Volkswirt, Beilage zu Nr. 12 vom 25. 3. 1961, S. 6

Die Entwicklung wird auch weiterhin von dem Trend zur Edelenergie bestimmt werden. H. KÖHN hat vor einigen Jahren für die Bundesrepublik den Energiebedarf bis zum Jahr 1975 und seine Deckung untersucht. Das Ergebnis, das in der Tab. 2 auszugsweise wiedergegeben ist, besagt, daß der Energiebedarf von 173,7 Mio t Steinkohleneinheiten (SKE) im Jahr 1955 voraussichtlich auf 300 Mio t SKE im Jahr 1975 ansteigen wird, wovon dann nur noch 172 Mio t durch deutsche Steinkohle gedeckt werden können.

Tabelle 2. *Energie- und Mineralölbedarf in der Bundesrepublik Deutschland*

Jahr	1950	1955	1960	1965	1970	1975
Deckung des Energiebedarfs in Mio t Steinkohleneinheiten (SKE)						
Steinkohle	91,0	123,3	137,0	152,0	162,0	172,0
Braunkohle	22,0	29,1	31,7	32,8	34,0	35,3
Wasserkraft	5,3	6,2	6,0	5,6	5,1	5,1
Atomenergie	—	—	—	1,0	5,0	10,0
Erdgas	—	—	1,0	1,1	1,3	1,8
Mineralöl	6,1	15,1	32,3	46,5	62,6	75,8
Gesamtbedarf	124,4	173,7	208,0	239,0	270,0	300,0
Bedarf an Mineralölen in Mio t						
Kraftstoffe und andere Produkte ohne Heizöl	3,9	7,6	10,3	12,5	14,2	17,3
Heizöl	0,2	2,1	10,4	17,3	25,9	31,3
Raffinerie-Verluste und Eigenverbrauch	0,2	0,9	1,9	2,8	3,7	4,5
Rohöl	4,3	10,6	22,6	32,6	43,8	53,1

Quelle: H. KÖHN: „Der westdeutsche Energiebedarf bis 1975 und seine Deckung", Erdöl u. K. 10 (1957) S. 406 ff.

Bei den Mineralölen ist gegenüber dem Verbrauch des Jahres 1955 bis zum Jahr 1965 eine Verdreifachung, bis zum Jahr 1975 sogar eine Verfünffachung des Bedarfs zu erwarten, wobei die Steigerung des Heizölverbrauchs besonders beachtlich ist.

Begünstigt durch die anhaltende Konjunktur ist diese kühne Energieprognose aus dem Jahr 1956 hinsichtlich des Mineralöls nicht nur erfüllt, sondern übertroffen worden. Die Entwicklung des

Mineralölverbrauchs in der Bundesrepublik, die in der Tab. 3 im einzelnen wiedergegeben ist, spiegelt die Zunahme des motorisierten Verkehrs und das Vordringen des neuen Energieträgers Heizöl wider.

Tabelle 3. *Stand und Vorausschätzung des Mineralölverbrauchs in der Bundesrepublik Deutschland*

Mineralölprodukt	Verbrauch[1] in 1000 t				Vorausschätzung[2] in 1000 t		
	1955	1957	1959	1960	1961	1963	1965
Vergaserkraftstoff	2 659	3 455	4 641	5 451	6 200	7 500	8 500
Dieselkraftstoff	2 991	3 414	4 302	4 666	4 900	5 300	5 700
Flugbenzin, Petroleum, Turbinenkraftstoff	117	146	204	282	333	385	415
Flüssiggas	204	285	487	554	650	765	875
Leichtbenzin	—	—	214	440	800	1 000	1 200
Spezial- und Testbenzin	162	191	186	199	203	217	231
Schmierstoffe	507	513	612	650	680	740	800
Leichtes Heizöl	495	1 691	4 181	6 589	8 300	10 200	11 800
Mittleres Heizöl	121	330	489	516	500	500	500
Schweres Heizöl	1 475	2 844	5 389	6 775	8 000	9 800	11 000
Bitumen	677	784	1 212	1 355	1 550	1 800	2 000
Sonstige Produkte (Petrolkoks, Raffineriegas usw.)	338	328	389	535	549	603	657
Inlandverbrauch (ohne Eigenverbrauch der Raffinerien und ohne Heizöl aus der Kohleveredelung)	9 746	13 981	22 306	28 012	32 665	38 810	43 678

Quellen: [1] Geschäftsberichte des Mineralölwirtschaftsverbands 1959 und 1960
[2] Erdöl und Kohle 14 (1961) S. 234

Die in der rechten Hälfte der Tab. 3 eingetragenen Vorausschätzungen des Mineralölverbrauchs stellen, wie aus der bisherigen Entwicklung geschlossen werden kann, untere Werte dar.

Mit diesen Zahlen ist ein größenordnungsmäßiger Anhalt für die Verkehrsbedürfnisse nach Menge und Arten als Grundlage für die Verkehrsströme im Mineralölverkehr gegeben.

3. Entwicklung der Verkehrsströme

Der Verlauf der Verkehrsströme wird im wesentlichen durch die Herkunft des Rohöls, die Standorte der Raffinerien und die Schwerpunkte des Verbrauchs bestimmt.

In der Tab. 4 ist das Rohölaufkommen in der Bundesrepublik Deutschland in den Jahren 1950 bis

Tabelle 4. *Rohölaufkommen in den Jahren 1950 bis 1960 in der Bundesrepublik Deutschland*

Herkunft des Rohöls	Mengen in 1000 t im Jahr				
	1950	1955	1957	1959	1960
Deutsches Rohöl	1 119	3 147	3 960	5 103	5 530
Mittelost		6 267	6 267	13 721	18 650
Amerika		844	1 891	2 696	2 855
Sonstige Länder		—	—	309	1 768
Importiertes Rohöl	1 933	7 111	8 158	16 726	23 273
Gesamt	3 052	10 258	12 118	21 829	28 803

Quelle: Geschäftsberichte des Mineralölwirtschaftsverbands 1959 und 1960

1960 nach Herkunftsländern aufgegliedert. Trotz der erheblichen Steigerung der deutschen Ölförderung ist ihr Anteil am gesamten Rohölaufkommen von 36,7% im Jahr 1950 auf 19,3% im Jahr 1960 zurückgegangen. Das importierte Rohöl stammt zum größten Teil aus den Ländern des mittleren Ostens (Saudisch-Arabien, Irak, Kuwait, Iran) und aus Venezuela; bemerkenswert ist das Ansteigen der Einfuhren aus sonstigen Ländern — im wesentlichen UdSSR und Algerien — in den letzten beiden Jahren.

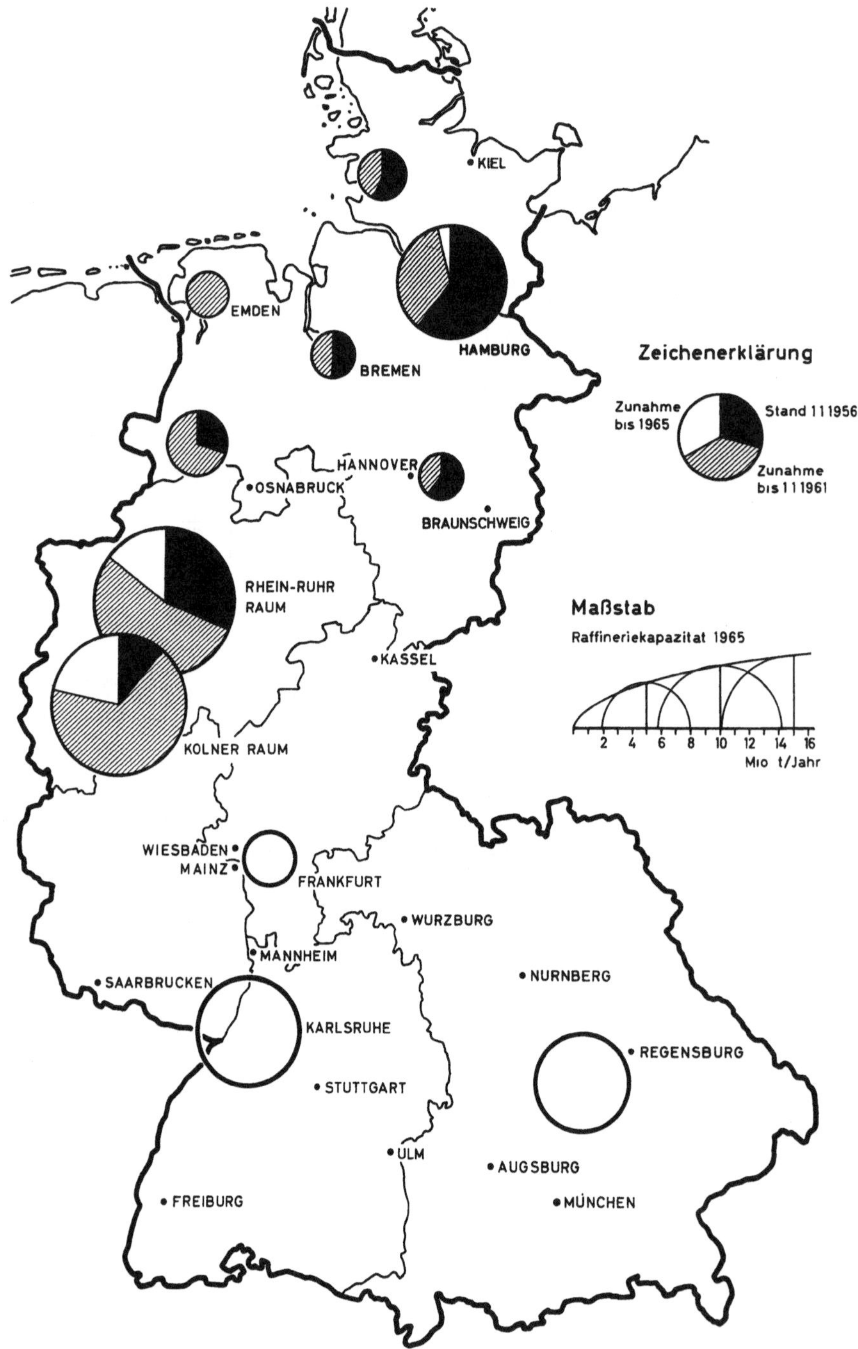

Abb. 1. Rohölkapazität der Raffinerien in der Bundesrepublik Deutschland in den Jahren 1956, 1961 und 1965

Auf der Abb. 1 ist die Entwicklung der Rohölkapazität der in Gruppen zusammengefaßten Raffinerien in der Bundesrepublik dargestellt. Die Kapazität von 14,7 Mio t am 1. 1. 1956 verteilte sich etwa je zur Hälfte auf den Raum Hamburg-Holstein-Bremen und auf das Rhein-Ruhr-Gebiet. Am 1. 1. 1961 betrug die Raffineriekapazität insgesamt 40,5 Mio t, wobei sich der Schwerpunkt bereits deutlich nach Westdeutschland verlagert hatte. Die Rohölkapazität der Raffinerien im Rhein-Ruhr- und Kölner Raum betrug mit 23,8 Mio t 58,8% der gesamten Kapazität.

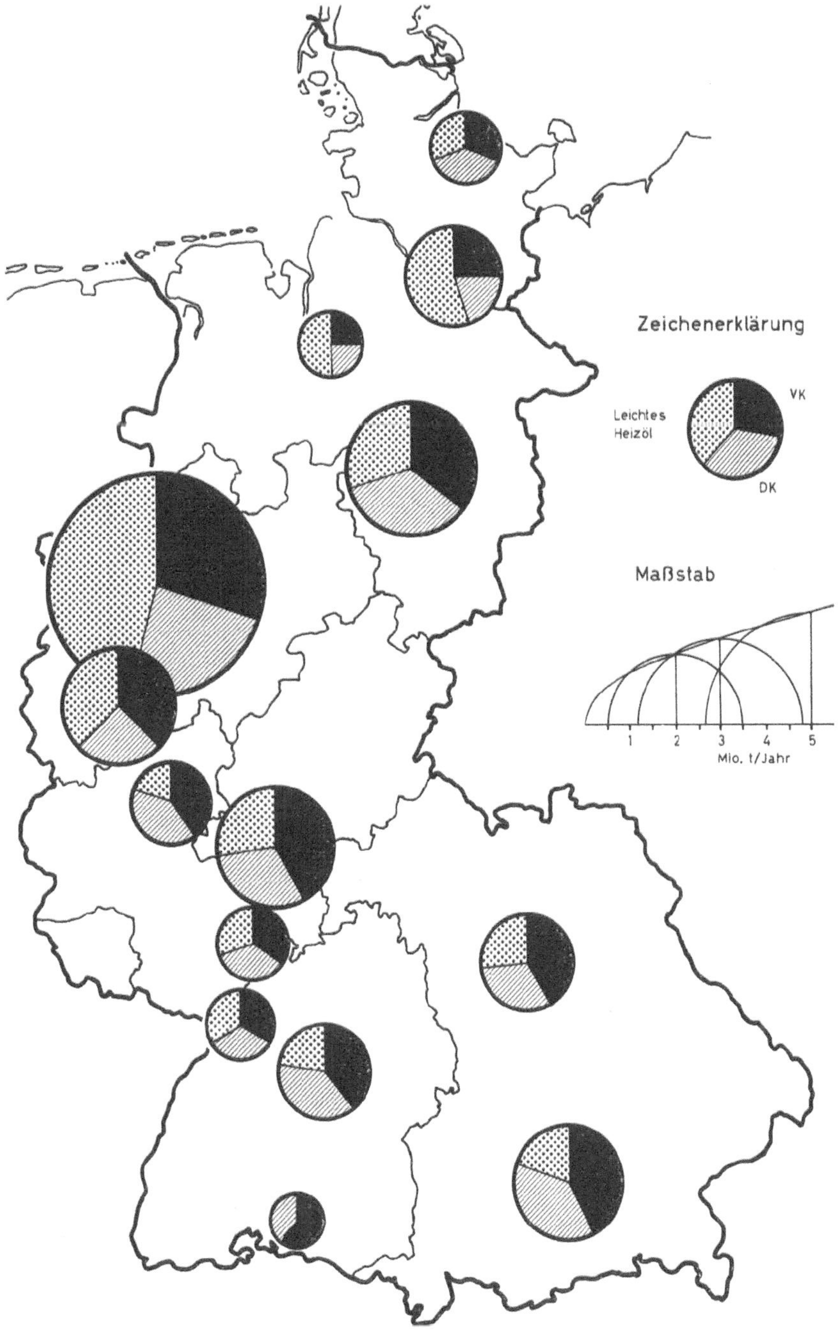

Abb. 2. Regionaler Mineralölverbrauch in der Bundesrepublik Deutschland (Vorausschätzung für das Jahr 1965)

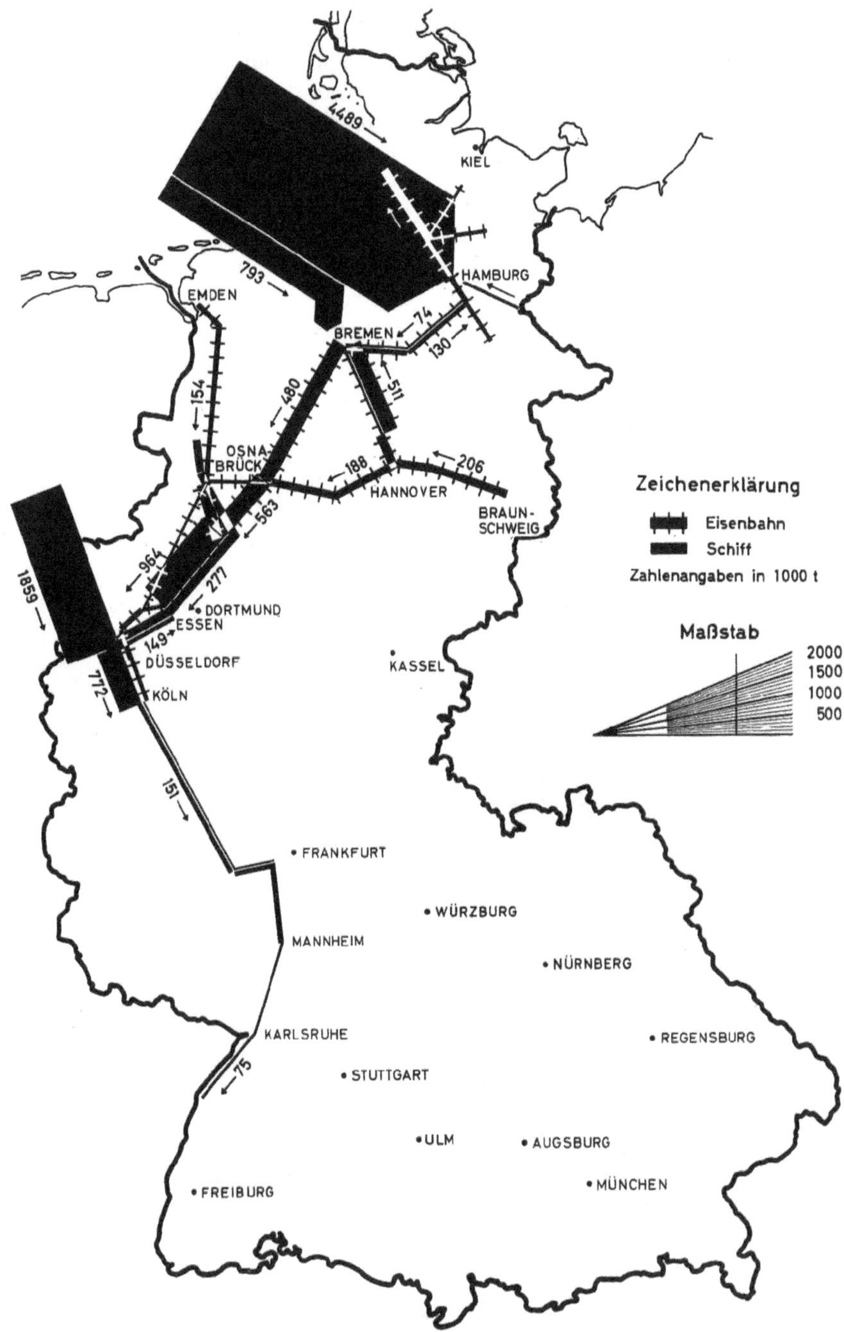

Abb. 3. Eisenbahn- und Schiffsverkehr in der Bundesrepublik Deutschland 1955, Gütergattung 90 (Rohes Erdöl usw.)

Die weitere Entwicklung wird durch den Einsatz von Großraffinerien auch in Süddeutschland gekennzeichnet sein. Bei Karlsruhe sind zwei Raffinerien im Bau, der Bau weiterer Raffinerien bei Ingolstadt wird vorbereitet. Durch die gleichmäßigere Verteilung der Raffinerien in der Bundesrepublik werden die Entfernungen zu den Verbrauchsschwerpunkten verringert.

Auf der Abb. 2 ist die regionale Verteilung des Mineralölverbrauchs in der Bundesrepublik Deutschland für die mengenmäßig bedeutenden leichtflüssigen Mineralölprodukte dargestellt, wie

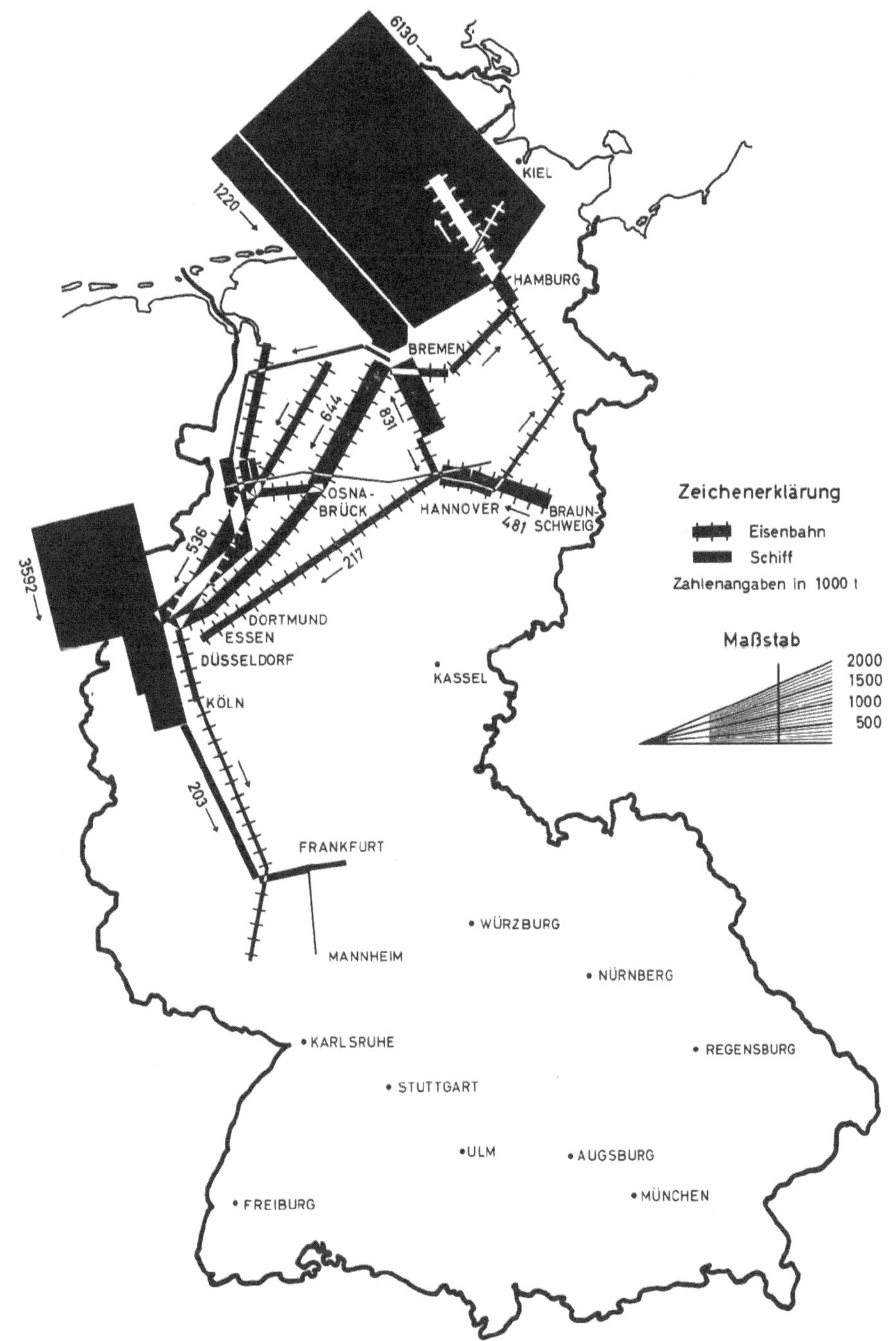

Abb. 4. Eisenbahn- und Schiffsverkehr in der Bundesrepublik Deutschland 1958, Gütergattung 90 (Rohes Erdöl usw.)

sie sich aus einer früheren Untersuchung des Verfassers[1] ergeben hat. Dabei wurde die Abhängigkeit des Kraftstoffverbrauchs von der Zahl der Kraftfahrzeuge ausgewertet; beim leichten Heizöl, das überwiegend zur Raumheizung verwendet wird, wurde neben der Bevölkerungszahl die Kohlenferne der Verbrauchsgebiete berücksichtigt.

[1] W. LAMBERT: „Verkehrswirtschaftliche Probleme des Ölferntransports in Rohrleitungen in der Bundesrepublik Deutschland", Zeitschrift für Verkehrswissenschaft 29 (1958), S. 142 ff.

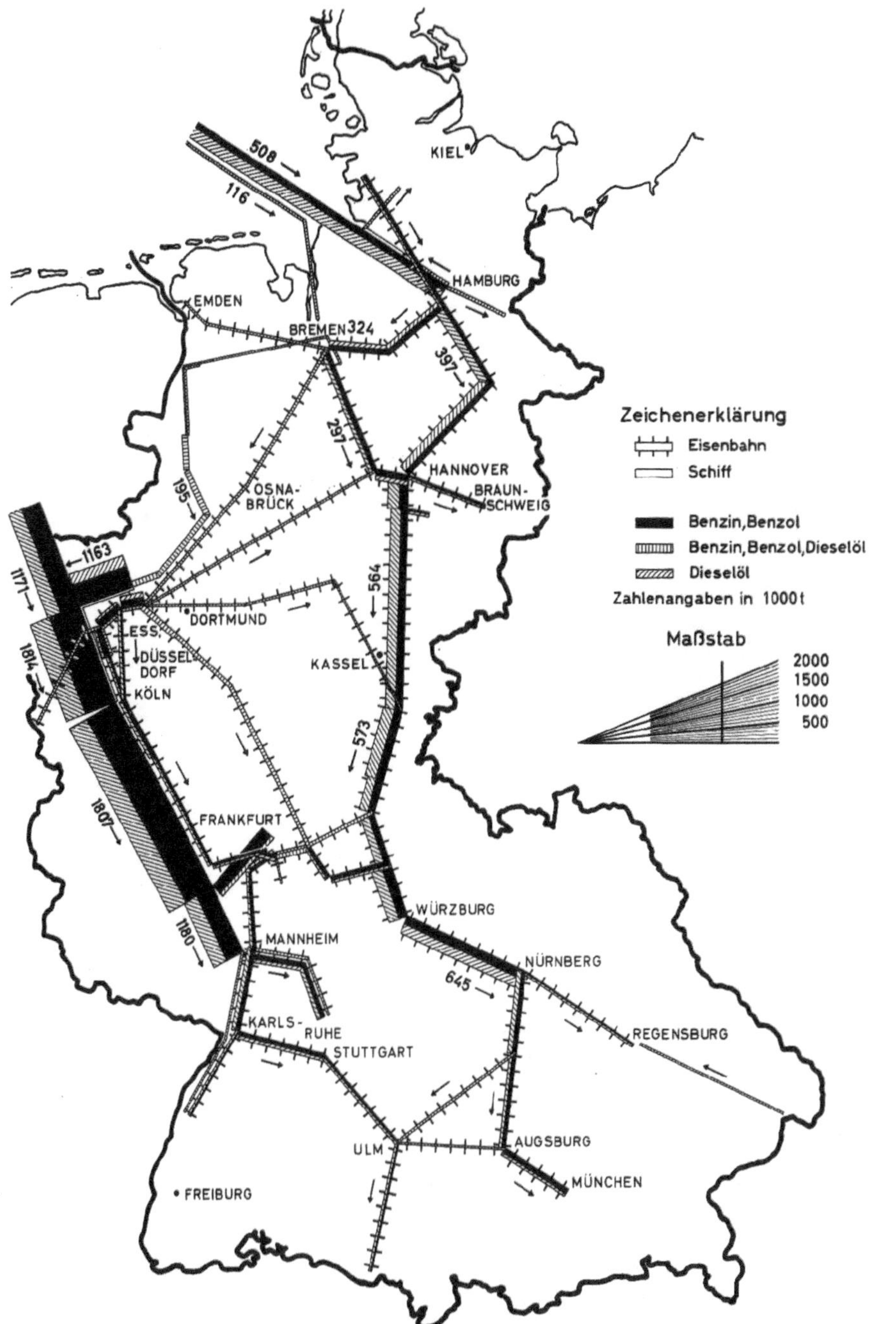

Abb. 5. Eisenbahn- und Schiffsverkehr in der Bundesrepublik Deutschland 1955, Gütergattung 91/93 (Benzin, Benzol, Dieselöl)

Zur Veranschaulichung des bisherigen Verlaufs der Ströme des Mineralölfernverkehrs wurden die Güterbewegungsstatistiken der Eisenbahn und der Binnenschiffahrt nach den Gütergattungen 90 (Rohes Erdöl), 91 bis 93 (Benzin, Benzol, Dieselöl) und 94 (Heizöl und andere Mineralölderivate) für die Jahre 1955 und 1958 ausgewertet, um den Zustand vor Einsatz der Ölfernleitungen festzuhalten.

Auf der Abb. 3 werden die Rohölströme des Schiffs- und Eisenbahnverkehrs im Jahr 1955 unter

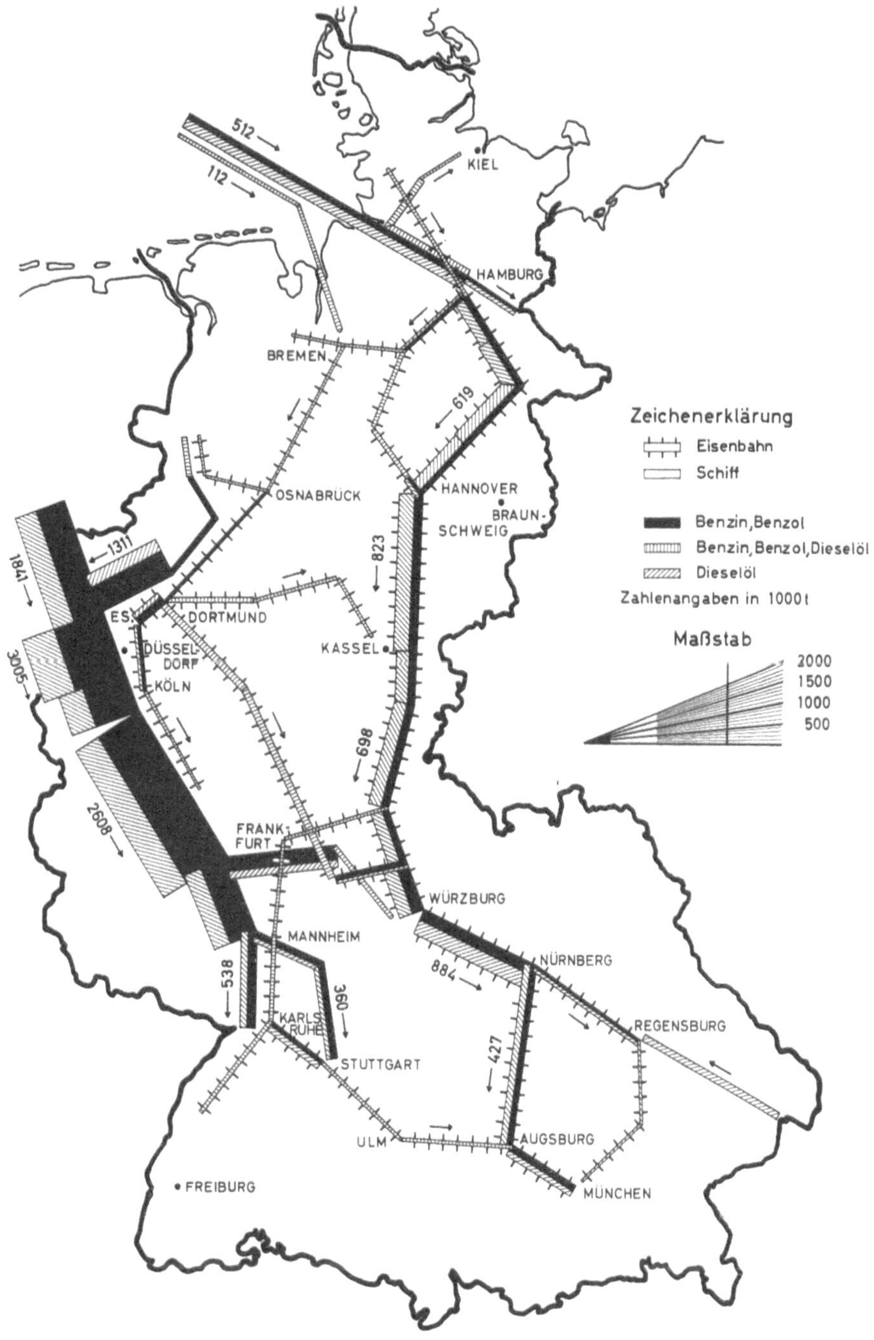

Abb. 6. Eisenbahn- und Schiffsverkehr in der Bundesrepublik Deutschland 1958, Gütergattung 91/93 (Benzin, Benzol, Dieselöl)

Vernachlässigung unbedeutender Verkehrsbeziehungen gezeigt. Die starken Importe über den Hafen Hamburg, wo seinerzeit noch 63% des von der Bundesrepublik importierten Rohöls umgeschlagen wurden, treten dabei besonders hervor. Beachtlich ist aber auch der Rohölverkehr über Rotterdam zu den Raffinerien im Rhein-Ruhr-Raum. Die Eisenbahnen befördern im wesentlichen deutsches Rohöl (1955 = 3,2 Mio t) der Ölfelder in Niedersachsen und im Emsland. Der gesamte Rohöl-Durchsatz der Raffinerien betrug im Jahr 1955 10,2 Mio t.

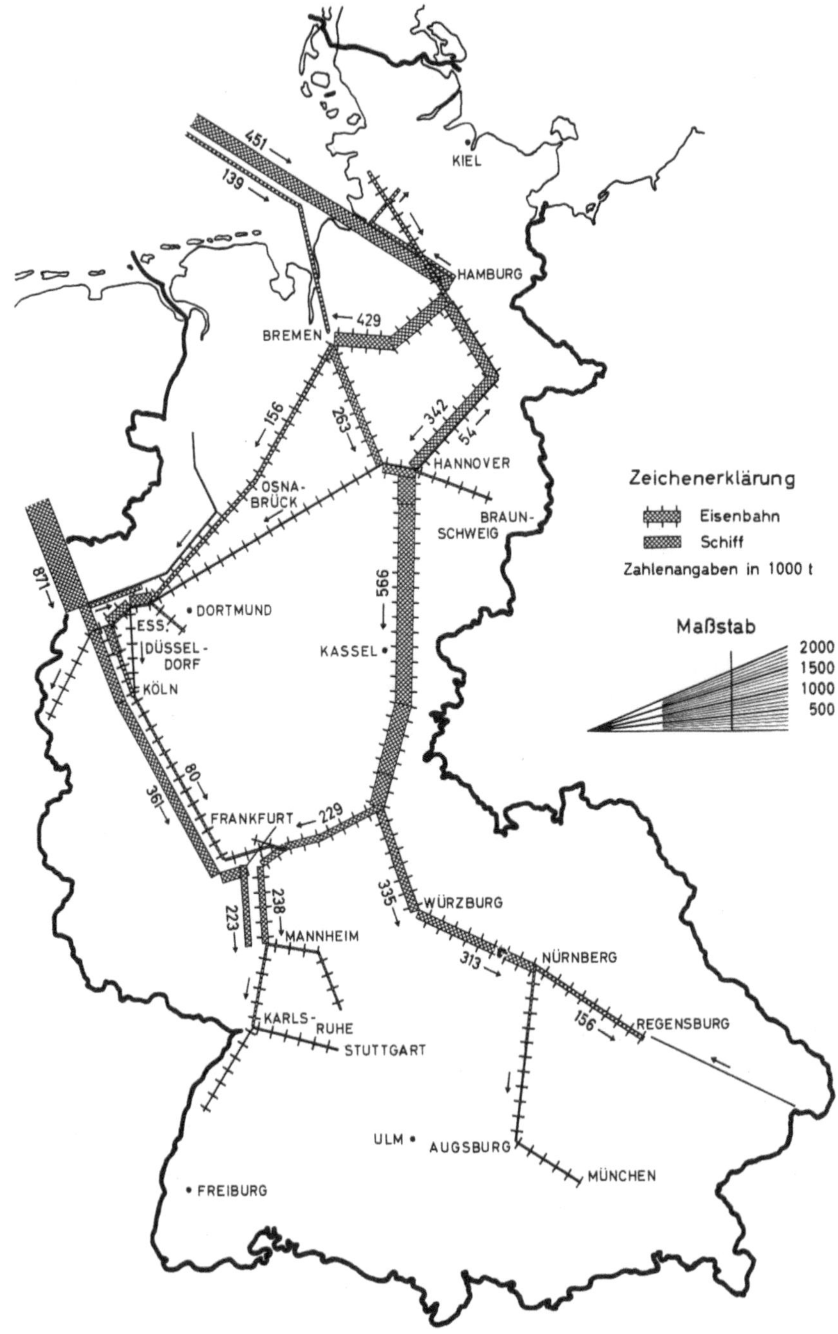

Abb. 7. Eisenbahn- und Schiffsverkehr in der Bundesrepublik Deutschland 1955, Gütergattung 94 (Heizöl und andere Mineralölderivate)

Die Abb. 4 zeigt die Rohölströme des Schiffs- und Eisenbahnverkehrs im Jahr 1958. Wenn sich auch am Lauf der Rohölströme noch nichts Grundsätzliches geändert hat, so läßt der Vergleich der Abb. 3 und 4 doch die starke Verkehrszunahme erkennen, die auf dem Niederrhein fast zu einer Verdoppelung des Rohölverkehrs geführt hat.

Auf der Abb. 5 sind die wesentlichen Verkehrsströme der Gütergattungen 91 bis 93 (Benzin

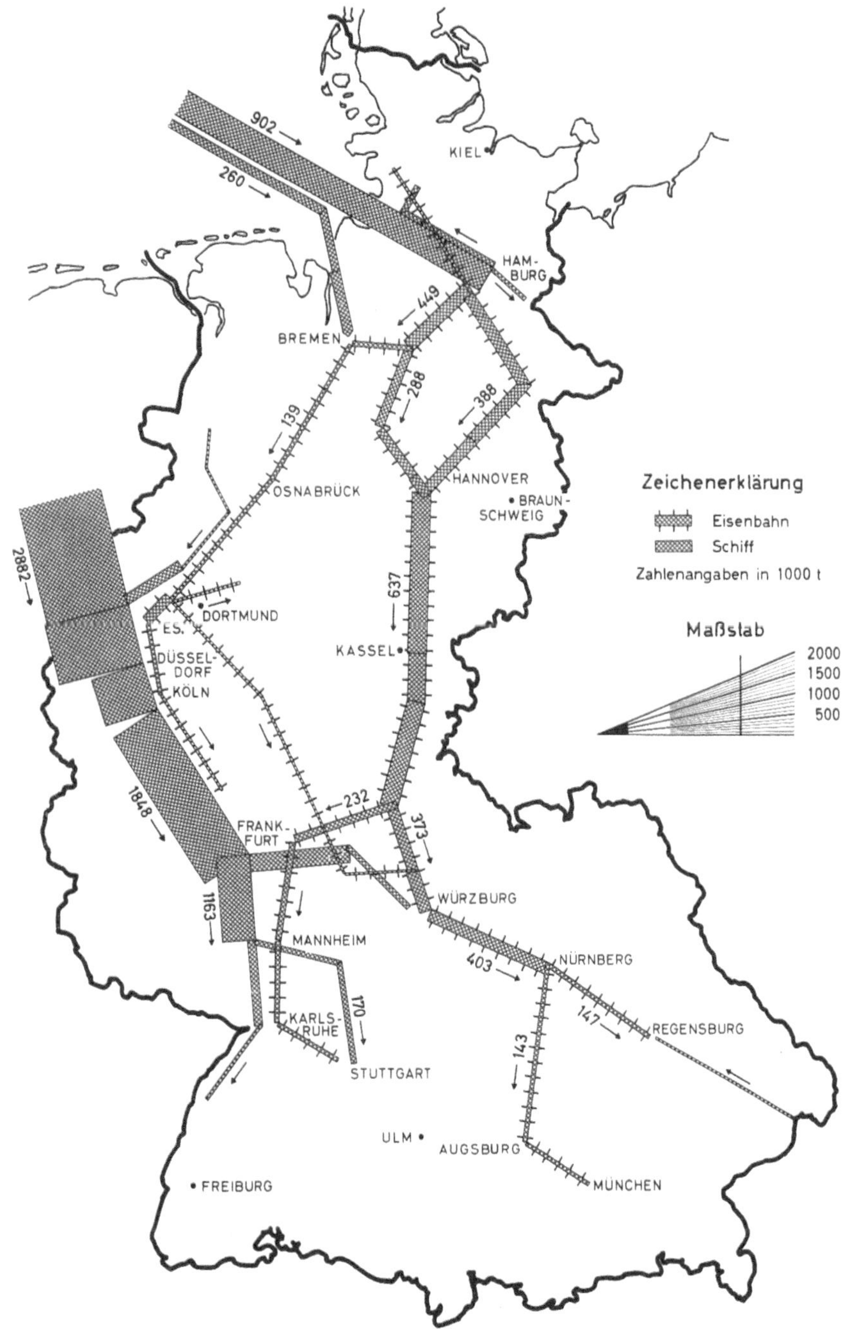

Abb. 8. Eisenbahn- und Schiffsverkehr in der Bundesrepublik Deutschland 1958, Gütergattung 94 (Heizöl und andere Mineralölderivate)

Benzol und Dieselöl) dargestellt. Ein besonders starker Verkehrsstrom wird von der Binnenschiffahrt auf dem Rhein befördert, der zwischen Duisburg und Mainz im Jahr 1955 mit 1,80 Mio t Benzin und Dieselöl belastet war. Bemerkenswert sind auch die Einfuhren von den Rheinmündungshäfen. Bei der Eisenbahn fällt der von Hamburg und Bremen mit 570 000 t über die Nord-Süd-Strecke nach dem bayerischen Raum laufende Verkehr auf — eine Folge der ungünstigen Lage der Hamburger

Raffinerien, die heute wegen der Teilung Deutschlands einen Teil ihrer Produktion über lange, den mitteldeutschen Raum überspringende Transportwege nach dem Süden absetzen müssen. Das Bild läßt ferner auf die flächenhafte Verteilung der Ölprodukte durch die Eisenbahn schließen; die feinen Verästelungen der Verkehrsströme konnten zeichnerisch nicht mehr dargestellt werden.

Die Abb. 6 zeigt die entsprechenden Verkehrsströme der Gütergattungen 91 bis 93 für das Jahr 1958. In den wesentlichen Verkehrsbeziehungen läßt sich gegenüber dem Stand 1955 eine Verstärkung um rund 50% feststellen. Durch die Eröffnung des Hafens Stuttgart ist der Verkehr auf dem Neckar jedoch stärker gestiegen. Die Tankschiffahrt hat sich außerdem auf dem Rhein bis Karlsruhe ausgedehnt.

Auf der Abb. 7 sind die wichtigsten Verkehrsströme der Gütergattung 94 (Andere Mineralölderivate und Mineralölrückstände), zu der auch das Heizöl zählt, veranschaulicht. Das Bild ist genügend repräsentativ für den Heizölverkehr, da der Heizölverbrauch von 1,2 Mio t im Jahr 1953 auf 4,8 Mio t im Jahr 1956 gestiegen ist, wodurch das Heizöl nunmehr den Hauptanteil dieser Gütergattung bildet. Auf dem Bild treten wiederum die Verkehrsströme von Hamburg und von Rotterdam aus besonders hervor.

Der Vergleich mit der Abb. 8, auf der die Verkehrsströme der Gütergattung 94 im Jahr 1958 festgehalten sind, zeigt die außergewöhnliche Zunahme des Heizölverkehrs. Die Einfuhren nach den Häfen Hamburg und Bremen haben sich verdoppelt, die Einfuhren über die Rheinmündungshäfen mehr als verdreifacht. Die Schiffstransporte auf dem Rhein zwischen dem Ruhrgebiet und Mannheim haben sich sogar auf das Fünffache gesteigert, außerdem ist — ähnlich wie beim Benzin- und Dieselöl — die Tankschiffahrt bis nach Karlsruhe und Stuttgart vorgedrungen. Demgegenüber ist bei der Eisenbahn nur ein mäßiger Verkehrszuwachs eingetreten, der der Verbrauchszunahme in den drei Jahren nicht entspricht.

Aus den Abb. 5 bis 8 ergibt sich, daß die Mineralöltransporte der genannten Ölprodukte auf dem Niederrhein von 2,04 Mio t im Jahr 1955 auf 4,72 Mio t im Jahr 1958 gestiegen sind; auf dem Mittelrhein wurden im Jahr 1955 2,17 Mio t und im Jahr 1958 4,46 Mio t befördert. Die Eisenbahn transportierte auf der Nord-Süd-Strecke zwischen Hannover und Würzburg 1,46 Mio t im Jahr 1958 gegenüber 1,13 Mio t im Jahr 1955.

4. Ölfernleitungen als neues Verkehrsmittel

Rohrleitungen werden seit vielen Jahrhunderten zum Transport von Wasser benutzt. Der Gedanke, Leitungen auch zum Transport von Erdöl einzusetzen, entstand mit dem Beginn der Erdölförderung und mit dem sich entwickelnden Verkehrsbedürfnis in Nordamerika. Seit dem ersten Versuch im Jahr 1865 gelang es nach und nach, die technischen Schwierigkeiten zu meistern, die Leistungsfähigkeit der Ölleitungen zu steigern und mit ihnen auch größere Entfernungen sicher und wirtschaftlich zu überwinden.

Die in der Tab. 5 zusammengestellten Angaben über die Betriebslängen der Ölleitungen in den USA geben einen Eindruck von der derzeitigen Ausdehnung dieses Verkehrsmittels. Dabei sind die Rohölfeldleitungen („gathering lines"), die vergleichsweise geringe Länge und kleinen Durchmesser aufweisen und als Sammelleitungen auf den Ölfeldern dienen, von den Fernleitungen („trunc lines") getrennt ausgewiesen.

Die Entwicklung der Betriebslängen läßt erkennen, daß in den Vereinigten Staaten von Nordamerika das Netz der Rohöl-Fernleitungen bereits bis zu einer weitgehenden Sättigung ausgebaut ist, während der Bau von Ölproduktenleitungen, der erst im Jahr 1930 aufgenommen wurde, noch fortgesetzt wird.

In Westeuropa ist, abgesehen von Ölproduktenleitungen für militärische Zwecke, seit dem Jahr 1953 eine Fernleitung von Le Havre nach Paris in Betrieb, die eine Länge von 240 km und einen Durchmesser von 25 cm hat. Durch diese Leitung der „Société des Transports Pétroliers par Pipe-Line" (TRAPIL) werden eine große Zahl verschiedener Ölprodukte in einer geregelten Reihenfolge

Tabelle 5. *Betriebslängen der Ölleitungen in den USA*[1]

Jahr	Rohölfeld-leitungen	Fernleitungen		Ölleitungen insgesamt
		Rohöl	Ölprodukte	
	ICC-Ölleitungen, Betriebslängen in km			
1937[2]	64 500	91 000		155 500
1. 1. 1950	76 000	102 400	22 700	201 100
1. 1. 1955	81 600	103 200	38 800	223 600
1. 1. 1957	82 600	99 600	47 400	229 600
	Sämtliche Ölleitungen, Betriebslängen in km			
1. 1. 1950	97 500	114 800	33 600	245 900
1. 1. 1955	116 600	128 700	55 100	300 400
1. 1. 1958[3]	127 000	125 000	69 000	321 000
1955[4]	Betriebslängen der Eisenbahnen 1. Klasse in km			383 870

Quellen: [1] Petroleum Facts and Figures 12 (1956), S. 232, mit Ausnahme von [2], [3], [4]
[2] STEUERNAGEL: „Pipelines und Eisenbahnen der USA im Spiegel der Statistik", Archiv für Eisenbahnwesen1942, S. 919ff
[3] Erdöl und Kohle 11 (1958), S. 435 [4] Jahrbuch des Eisenbahnwesens 7 (1956), S. 212

befördert und im Raum Paris über ein insgesamt 55 km langes Verteilernetz an 28 Abnehmer geliefert.

Die Ölleitungen in der Bundesrepublik Deutschland waren im Gegensatz zu den Ferngasleitungen früher von durchaus untergeordneter Bedeutung. Im Jahr 1956 gab es außer den Feldleitungen insgesamt nur 148 km Rohöl- und 112 km Ölproduktenleitungen mit größten Einzellängen von 34 km. Diese Leitungen, die im örtlichen Bereich der Ölfelder und Raffinerien eingesetzt sind, können zu den Nahverkehrsmitteln gerechnet werden.

Mit der Inbetriebnahme der „Nord-West-Ölleitung" Anfang 1959, der ersten Rohöl-Fernleitung in Westeuropa, ist die Ölversorgung der Raffinerien in der Bundesrepublik in ein neues Stadium getreten. Diese Leitung führt von Wilhelmshaven durch das Ruhrgebiet nach Köln und bedient sechs größtenteils neu gebaute Raffinerien im Rhein-Ruhr-Raum sowie bei Köln. Sie ist mitsamt ihren Abzweigungen 390 km lang und hat 70 cm Durchmesser. Ihre Leistungsfähigkeit beträgt in der ersten Ausbaustufe, solange nur eine Pumpstation in Wilhelmshaven arbeitet, etwa 10 Mio t/Jahr. Durch den geplanten Einbau von drei weiteren Pumpstationen kann die Leistungsfähigkeit auf etwa 22 Mio t/Jahr gesteigert werden.

Anderthalb Jahre später wurde eine zweite, 250 km lange Rohöl-Fernleitung von Rotterdam in den Kölner Raum fertiggestellt, an deren 50 km langem Abzweig nach Wesel die bereits Ende 1957 in Betrieb genommene Leitung von Wesel nach Gelsenberg (Länge 40 km, Durchmesser 40 cm) angeschlossen wurde. Die Leistungsfähigkeit der 60 cm starken Hauptleitung soll nur etwa 10% geringer als die der Nord-West-Ölleitung sein.

Die Inbetriebnahme dieser beiden hochleistungsfähigen Fernleitungen von Wilhelmshaven und Rotterdam zum Rhein-Ruhr-Raum kennzeichnet jedoch nur einen Zwischenzustand des Umbruchs im Mineralölverkehr. Weitere einschneidende Veränderungen im Rohöl- und Ölproduktenverkehr sind zu erwarten, wenn in wenigen Jahren die Raffinerien in Süddeutschland fertiggestellt sind, die durch Ölfernleitungen vom Mittelmeer her versorgt werden sollen.

Zwei Raffinerien bei Karlsruhe sind schon im Bau, weitere Raffinerien im Raum von München werden ernsthaft geplant. Diese neuen Verarbeitungsstätten werden Rohöl durch die unter internationaler Beteiligung finanzierte Fernleitung der „Société du Pipe-Line Sud-Européen" erhalten, die mit 75 cm Durchmesser und 760 km Länge von dem Ölhafen Lavéra bei Marseille zunächst nach Straßburg und Karlsruhe führen wird; eine Zweigleitung nach Ingolstadt ist vorgesehen. Außerdem ist eine Rohölleitung mit 40 cm Durchmesser von Genua nach Aigle (Schweiz) im Bau. Ob diese Leitung zur Versorgung Bayerns verlängert oder eine weitere Fernleitung über die Alpen gebaut wird, ist zur Zeit noch nicht endgültig zu übersehen. Sicher ist jedenfalls, daß Süddeutschland bereits in naher Zukunft von den Mittelmeerhäfen aus durch leistungsfähige Fernleitungen mit Rohöl versorgt werden wird. Durch diese Umstellung werden einerseits die Seetransportwege vom Nahen Osten und gegebenenfalls von der Sahara her wesentlich verkürzt und andererseits die westeuropäischen Verkehrsströme im Binnenland völlig umgestellt werden.

5. Auswirkungen der Ölfernleitungen auf die Verkehrsteilung

5.1. Stand vor Einsatz der Ölfernleitungen

Im Zusammenhang mit der hohen Leistungsfähigkeit und den niedrigen Selbstkosten der Ölleitungen, die im einzelnen im Teil II dieses Heftes untersucht sind, muß noch die bisherige Verkehrsteilung im Mineralölverkehr betrachtet werden, um auch im Hinblick auf die Steigerung der Verkehrsbedürfnisse die Auswirkungen der Ölfernleitungen auf die einzelnen Verkehrsträger vorausschauend abschätzen zu können.

Die Tab. 6 gibt den Anteil der verschiedenen Verkehrsmittel am Mineralölfernverkehr im Bundesgebiet getrennt für den Rohöl- und Ölproduktenverkehr wieder. Verfolgt man die Entwicklung der Mengen bei den einzelnen Verkehrsmitteln bis zum Jahr 1958, dann ist festzustellen, daß bis dahin durch die Struktur des Tanklagernetzes ziemlich ausgewogene Beziehungen im Einsatzverhältnis von Eisenbahntankwagen und Binnentankschiffen bestanden haben. Im Rohölverkehr sind die Transportmengen der Eisenbahn schon leicht rückläufig, während die der Binnenschiffahrt im behandelten Zeitraum noch zunehmen. Im Ölproduktenverkehr ist jedoch trotz steigender Menge der prozentuale Anteil der Eisenbahn an den Benzin- und Dieselöl-Transporten rückläufig, während der Verkehrszuwachs der Binnenschiffahrt mit der Absatzsteigerung Schritt gehalten hat. Der Anteil der Mineraltransporte am Gesamtverkehr des Jahres 1958 betrug bei der Eisenbahn 3,9% und bei der Binnenschiffahrt 11,3%.

Tabelle 6: *Anteile der Verkehrsmittel am Mineralölfernverkehr in der Bundesrepublik Deutschland*

Jahr	Eisenbahn	Binnenschiff	Kraftfahrzeug-Fernverkehr	
			Gewerbl. Verk.	Werkverkehr
	Transportanteil in Mio t			
	Rohölverkehr			
1951	2,3	1,7		
1954	3,3	2,4	0,03	0,003
1955	3,7	2,8	0,09	0,004
1956	3,9	3,2	0,13	0,003
1957	3,6	3,6	0,12	0,003
1958	3,4	4,6	0,19	0,003
	Ölproduktenverkehr			
1951	5,5	2,2		
1954	6,3	4,0	0,84	0,51
1955	6,9	5,2	1,40	0,57
1956	7,9	6,7	1,94	0,70
1957	7,8	8,2	2,30	0,80
1958	8,4	10,2	2,89	0,91

Quelle: Gemeinsamer Bericht der Bundesanstalt für den Güterfernverkehr, Köln, und des Kraftfahrtbundesamtes, Flensburg: „Der Fernverkehr mit Lastkraftfahrzeugen im Jahre 1958". Angaben des Statistischen Bundesamtes, Wiesbaden

5.2. Veränderungen durch Rohölleitungen

Stellt man den bei einem Rohölverbrauch von 9,7 Mio t im Jahr 1955 bestehenden Verkehrsströmen den oben erwähnten mutmaßlichen Verbrauch von 43,7 Mio t im Jahr 1965 gegenüber und berücksichtigt man die im raschen Aufbau begriffenen Raffinerie-Schwerpunkte im Westen und Süden der Bundesrepublik, dann wird verständlich, daß sich die Mineralölwirtschaft um neue, hochleistungsfähige und möglichst billige Transportmöglichkeiten bemüht.

Für die neuen Transportaufgaben bieten sich die Ölleitungen an, da die zu erwartenden Verkehrsströme wegen ihrer großen Menge durch Leitungen besonders wirtschaftlich befördert werden können. Die heutige Verkehrsteilung wird sich zwangsläufig wandeln, und die beiden Verkehrsmittel Binnenschiffahrt und Eisenbahn werden ihre derzeitigen prozentualen Anteile am Gesamtverkehr nicht halten können, wenn auch wegen der Zunahme des Mineralölverbrauchs ihre absoluten Transportmengen, insbesondere an Ölprodukten, ansteigen werden.

Einen allgemeinen Anhalt dafür, welche Verschiebungen sich auf lange Sicht auch im Mineralölverkehr der Bundesrepublik einstellen können, bieten die Anteile der Pipelines und der anderen Verkehrsmittel am Verkehrsaufkommen in den USA. Seit dem Jahr 1938 haben dort im Rohöltransport die Pipelines ihren Anteil auf fast 80% der Mengen verstärken können, während der Anteil der Binnenschiffahrt erheblich zurückging. Im Ölproduktentransport dominieren Straßentankwagen und Binnenschiffe; der Anteil der Pipelines steigt langsam und liegt derzeit bei rund 20% der beförderten Mengen.

Wenn auch die Verhältnisse in der Bundesrepublik nicht direkt mit denen in Nordamerika zu vergleichen sind, so wird sich doch auch hier der Umbruch im Mineraltransportwesen im wesentlichen in zwei Stufen vollziehen. Zunächst werden die Rohöltransporte ganz überwiegend auf Ölleitungen übergehen; erst in einer späteren Zeit werden — ähnlich wie in Nordamerika — auch Ölproduktenleitungen gebaut werden.

Die erste Stufe des Umbruchs, gekennzeichnet durch den Einsatz von Rohölfernleitungen, wird bereits in wenigen Jahren voll erreicht sein, zu einem Zeitpunkt, zu dem nicht nur die Leitungen von den Nordseehäfen zum Ruhrgebiet und Kölner Raum, sondern auch die Leitungen von den Mittelmeerhäfen nach Süddeutschland in Betrieb genommen sind. Dann wird den bisherigen Rohöltransportmitteln Binnenschiffahrt und Eisenbahn nur noch ein recht bescheidener Anteil des gestiegenen Verkehrsaufkommens verbleiben, der sich im wesentlichen auf Teile der deutschen Erdölförderung beschränken wird.

Da wegen der Steigerung des Ölverbrauchs im Bundesgebiet und der niedrigen Selbstkosten der Leitungen echte volkswirtschaftliche Interessen für die Rohölleitungen vorliegen, kann man diesen Investitionen die Zustimmung nicht versagen. Den konventionellen Verkehrsträgern ist es nicht möglich, durch Tarifsenkungen den Wettbewerb gegen die großen Rohölleitungen erfolgreich aufzunehmen, denn die Binnenschiffahrt und die Eisenbahn kommen selbst mit modernen Fahrzeugen und kürzesten Umlaufzeiten nicht an die Kostenvorteile heran, die Rohölleitungen mit bereits mittlerer Leistungsfähigkeit bieten können[1].

Das Aufkommen der Rohölleitungen in Europa wird ferner durch den Einsatz der Großtanker gefördert, die wegen ihres Tiefgangs nur noch wenige Häfen anlaufen können. Von diesen Seehäfen gehen die Rohölleitungen aus, die zum großen Teil Neuverkehr aufnehmen, aber auch den bisherigen Verkehrsträgern Verkehr abnehmen. Am Beispiel der Rohölversorgung des Rhein-Ruhr-Raumes ist zu erkennen, wie durch den Bau der beiden Fernleitungen die Verkehrsteilung geändert wurde. Im Jahr 1959 wurden durch die Nord-West-Ölleitung bereits 7,3 Mio t und im Jahr 1960 9,5 Mio t Rohöl gepumpt; durch die Leitung von Rotterdam wurden im Anlaufjahr 1960 2,5 Mio t Rohöl befördert.

Die Leitungen haben damit die Rohöltransporte nach Westdeutschland an sich gezogen, aber auch den Ölproduktenverkehr indirekt beeinflußt, da die früher starken Einfuhren über den Nieder-

---

[1] Teil II dieses Heftes und „Gutachten über Mineralölfernleitungen“, a. a. O.

rhein nach und nach durch den erhöhten inländischen Raffinerieausstoß überflüssig werden. Stark betroffen wurde die Rheinschiffahrt, die bisher bei der Versorgung der westdeutschen Raffinerien mit Import-Rohöl dominierte. Abgesehen von dem innerdeutschen Rohölverkehr von den Ölfeldern in Norddeutschland zu den Raffinerien, die der Eisenbahn und der Binnenschiffahrt teilweise erhalten bleiben, werden diese beiden Verkehrsmittel in steigendem Umfang auf den Ölproduktenverkehr abgedrängt werden.

Im Ölproduktenverkehr wird sich in der näheren Zukunft das Betätigungsfeld der konventionellen Verkehrsmittel erweitern. Die Zunahme des Verbrauchs bringt eine starke Steigerung der Transportmengen mit sich. Jedoch wird insbesondere die Inbetriebnahme der neuen Raffinerien in Süddeutschland dazu führen, daß die mittlere Beförderungsweite im Ölproduktenverkehr abnimmt. Ein typischer Verkehrsstrom, der der Eisenbahn ganz verlorengehen wird, ist der Verkehr von den norddeutschen Raffinerien über die Nord-Süd-Strecke nach Süddeutschland[1].

Wenn auch die Beschäftigung der vorhandenen Fahrzeuge infolge der Zunahme der Verkehrsmengen im wesentlichen sichergestellt erscheint, so geraten die konventionellen Verkehrsmittel doch in wirtschaftlicher Hinsicht in einen ungünstigeren Wirkungsbereich. Zudem wird der Wettbewerb der Straßentankwagen bei den kürzeren Beförderungsweiten stärker spürbar werden.

5.3. Veränderungen durch Ölproduktenleitungen

Die Verkehrsteilung im Ölproduktenverkehr zeigt wegen der feineren und verstreuteren Verkehrsströme grundsätzlich ein anderes Bild als im Rohölverkehr. Der Straßenverkehr, der sich am Rohölverkehr in nicht nennenswertem Umfang beteiligt, tritt hier maßgebend neben die Verkehrsmittel Eisenbahn und Binnenschiffahrt.

Inwieweit sich auch Ölproduktenleitungen in den Wettbewerb einschalten werden, ist vorläufig noch nicht abzusehen. Da aber zur Zeit der Aufbau von neuen Raffineriegruppen in West- und Süddeutschland noch nicht abgeschlossen ist, erscheint der Bau von Ölproduktenleitungen solange wenig wahrscheinlich, bis sich die Verkehrsströme auf die neuen Raffineriestandorte eingependelt haben. Pläne zum Bau von Ölproduktenleitungen, z. B. vom Ruhrgebiet zum Rhein-Main-Gebiet, werden zur Zeit nicht weiter verfolgt.

Um die zukünftigen Wettbewerbsprobleme im Ölproduktenverkehr vom Grundsätzlichen her beurteilen zu können, erschien es von besonderem Interesse, einen verkehrswirtschaftlichen Vergleich der Kosten der Beförderung leichtflüssiger Mineralöle mit den verschiedenen Massenverkehrsmitteln anzustellen. Die Ergebnisse der Untersuchung im Teil II dieses Heftes zeigen, in welchem zahlenmäßigen Bereich die Einsatzgrenzen der Ölfernleitungen unter deutschen Preisverhältnissen liegen. Die Kostenunterschiede der Transportmittel im Ölproduktenverkehr sind wegen des geringeren Umfangs der zu erwartenden Verkehrsströme nicht so groß wie im Rohölverkehr.

Erst in einer späteren Zukunft wird daher der Bau von Ölproduktenleitungen ernsthaft zu erwägen sein. Die Erfahrungen in den USA zeigen, daß die Pipelines im Ölproduktenverkehr keine so marktbeherrschende Rolle wie im Rohölverkehr spielen. Das liegt einmal daran, daß sich nur ein Teil der Raffinerieerzeugnisse durch Ölleitungen wirtschaftlich befördern läßt, nämlich die in größeren Mengen aufkommenden leichtflüssigen Produkte. Zum anderen liegt es an der schon erwähnten feineren Struktur der Verkehrsströme, die dem Einsatz von Ölleitungen entgegenwirkt.

Beim schweren Heizöl und Bitumen, die beide für den Ölleitungstransport zu zäh sind, werden die derzeitigen Verkehrsströme nur indirekt durch die Rohölleitungen geändert. Durch den Bau neuer Raffinerien in West- und Süddeutschland werden neue Verbraucher gewonnen und neue Verkehrsbedürfnisse, mit allerdings geringerer Reichweite, geweckt. Der Wettbewerb um die Transporte an schwerflüssigen Ölprodukten wird überwiegend zwischen Eisenbahn- und Straßenverkehr ausgetragen werden.

[1] F. Stille: „Die Entwicklung des Rohrleitungstransports, insbesondere auf dem Gebiet des Mineralöls, in der Bundesrepublik Deutschland und im umliegenden Europa", Archiv f. Eisenbahnwesen 70 (1960), S. 493 ff.

Für die zukünftige Verkehrsteilung auf dem Ölproduktensektor wird die Tarifpolitik und die Tarifgestaltung der Eisenbahn eine erhebliche Rolle spielen, da die Frachtsätze der Eisenbahn selbst bei einer Auseinanderentwicklung von Eisenbahn- und Kraftwagentarifen letzten Endes für die Binnenschiffahrt und den Kraftverkehr Maßgrößen darstellen. Der wirtschaftliche Anreiz für die Mineralölwirtschaft, Ölproduktenleitungen zu bauen, ist in der näheren Zukunft nicht groß. Die angestrebte größere kaufmännische Beweglichkeit sollte es den konventionellen Verkehrsmitteln möglich machen, ihre Chancen im Wettbewerb auch mit etwaigen Ölleitungsplänen erfolgreich zu nutzen und zu einer Verkehrsteilung nach volkswirtschaftlichen Gesichtspunkten beizutragen.

II. Einsatzgrenzen der Ölfernleitungen

Verkehrswirtschaftlicher Vergleich
der Beförderung leichtflüssiger Mineralöle mit Massenverkehrsmitteln

Von Dr.-Ing. Dietrich **Meyer**

1. Vorbemerkungen

1.1. Ziel und Zweck der Untersuchung

Die in Nordamerika seit dem Jahr 1865 für die Beförderung von Mineralölen benutzten Rohrleitungen („pipe lines") wurden wegen ihres einfachen technischen Aufbaus und ihrer niedrigen Betriebskosten dort und in anderen Ländern mit größerer Erdölförderung in rasch zunehmendem Umfang eingesetzt. Auch in Westeuropa werden nunmehr im Zusammenhang mit dem stark steigenden Mineralölverbrauch und dem Ausbau der Raffineriekapazitäten leistungsfähige Ölfernleitungen gebaut oder ernsthaft geplant. So wurden im Jahr 1953 die Ölproduktenleitung von Le Havre nach Paris und in den Jahren 1959 und 1960 die Rohölleitungen von Wilhelmshaven und Rotterdam in den Raum Köln in Betrieb genommen.

Im Gegensatz zu den kurzen Feld- oder Sammelleitungen auf den Ölfeldern („gathering lines"), deren verkehrswirtschaftliche Bedeutung gering ist, treten die Ölfernleitungen („trunc lines") vielfach in Wettbewerb mit den vorhandenen Verkehrsmitteln. Die durch diesen Wettbewerb nunmehr auch in Deutschland auftretenden Probleme regen dazu an, die Ölfernleitungen einerseits und die vorhandenen Mineralöltransportmittel andererseits nach gleichen Gesichtspunkten zu untersuchen, um die Einsatzgrenzen der Ölfernleitungen zu bestimmen.

Abhandlungen über den Ölleitungstransport und seine wirtschaftlichen Auswirkungen wurden bereits veröffentlicht (z. B. von A. Sobeck [*24*], E. Weber [*28, 47*], [*42*][1]), auch Untersuchungen über verkehrswirtschaftliche Fragen des Ölleitungstransports liegen vor (z. B. von H. Grünewald [*3*], [*46*], [*61*]), doch fehlt ein methodisch einheitlicher verkehrswirtschaftlicher Vergleich der Mineralöltransportmittel.

Die Verkehrsbedürfnisse auf dem Ölsektor wurden im Teil I dieses Heftes und von W. Lambert in einer früheren Abhandlung über „Verkehrswirtschaftliche Probleme des Ölferntransports in Rohrleitungen in der Bundesrepublik Deutschland" [*46*] nach Art, Umfang und Reichweite analysiert. Im Rohölverkehr zu den Raffinerien kann mit großen und recht gleichmäßigen Verkehrsaufkommen auf bestimmten, festen Linien gerechnet werden. Dagegen sind die Fertigwaren der Raffinerien — eine Vielzahl verschiedener, teilweise hochwertiger Mineralölprodukte — auf weite Gebiete an zahlreiche Verbraucher flächenhaft zu verteilen. Die Verkehrsströme im Ölproduktenverkehr sind folglich wesentlich differenzierter und schwächer als im Rohölverkehr.

Außerdem lassen überschlägliche Berechnungen der Selbstkosten großer Rohölleitungen wie der Nordwest-Ölleitung von Wilhelmshaven nach Köln erkennen, daß bei sehr großen Beförderungsmengen Ölleitungen hinsichtlich ihrer Wirtschaftlichkeit durch andere Massenverkehrsmittel kaum erreicht werden können ([*46*] Tab. 7 und [*24*] S. 78 f.). Der Wettbewerb der Mineralöltransportmittel wird sich daher im wesentlichen auf den Ölproduktenverkehr richten.

In dieser Abhandlung sollen die technischen Grundlagen und die wirtschaftlichen Möglichkeiten der im Ölproduktenverkehr eingesetzten Massenverkehrsmittel untersucht werden mit dem Ziel, aus dem Vergleich der Rohrleitungen, der Eisenbahn und der Binnenschiffahrt die Einsatzgrenzen der Ölfernleitungen unter deutschen Verhältnissen in Abhängigkeit von Beförderungsmenge und -weite festzustellen. Die Ergebnisse des Vergleichs werden außerdem auf die Wettbewerbsmöglichkeiten und Einsatzgrenzen der Ölleitungen im Rohölverkehr und im Kurzstreckenverkehr schließen lassen.

Damit soll versucht werden, für eine bestimmte Transportaufgabe einen Vergleich mehrerer Verkehrsmittel nach Maß und Zahl durchzuführen. Außerdem soll die Beantwortung der Frage,

[1] Die Zahlen in eckigen Klammern beziehen sich auf das Schrifttumsverzeichnis am Schluß des Teiles II (Seite 76 f.).

unter welchen Bedingungen Ölfernleitungen aus volkswirtschaftlicher Sicht den Wettbewerb mit den anderen Verkehrsmitteln aufnehmen können, einen Beitrag zur Einordnung der in Deutschland neuen Ölfernleitungen in das Verkehrswesen liefern.

1.2. Abgrenzung der Untersuchung

Im Laufe der Voruntersuchungen haben sich folgende Abgrenzungen als notwendig und sachdienlich herausgestellt:

Hinsichtlich des Transportgutes wird die Untersuchung grundsätzlich auf diejenigen Mineralölerzeugnisse beschränkt, die in großen Mengen verbraucht werden und so leichtflüssig sind, daß sie durch erdverlegte Rohrleitungen ohne Wärmeschutz gepumpt werden können. Das sind Benzin, Gasöl und leichtes Heizöl; andere leichtflüssige Mineralöle können in Anbetracht ihres geringen Verkehrsaufkommens unberücksichtigt bleiben. Zähflüssige Mineralöle, wie schweres Heizöl, eignen sich wegen der erforderlichen Aufheizung und Warmhaltung weniger zum Leitungstransport; sie sollen daher nicht behandelt werden.

Hinsichtlich der Transportmittel kommen für einen verkehrswirtschaftlichen Vergleich mit den Ölfernleitungen nur die Eisenbahn und die Binnenschiffahrt in Betracht, da die Ölleitungen nur bei hohen und beständigen Beförderungsmengen wettbewerbsfähig sind. Nach Vergleichsberechnungen haben große Straßentankwagen gegenüber den genannten Transportmitteln im Massenverkehr so hohe Selbstkosten, daß sie aus dem Vergleich ausscheiden können. Ergänzend ist auf die methodischen Schwierigkeiten hinzuweisen, die durch das Wegekostenproblem entstehen, und die einen Vergleich der Kosten des Kraftverkehrs mit den Kosten anderer Verkehrsmittel erschweren.

Von der Transportkette zwischen den Ölquellen und den Endverbrauchern werden im folgenden vornehmlich diejenigen Transportvorgänge im Knotenpunktverkehr betrachtet, die sich zwischen einem Raffinerieschwerpunkt, bestehend aus einer oder mehreren großen Raffinerien, und einem Verbrauchsschwerpunkt, verkörpert durch ein großes Verteilertanklager, abspielen. Eine flächenhafte Verteilung der Ölprodukte an die einzelnen Tankstellen und sonstigen Verbraucher, die durch Straßen- oder Eisenbahntankwagen ausgeführt wird, kommt für Ölfernleitungen kaum in Betracht.

Die Kosten der Tanklager am Anfang und Ende dieser Ölverkehrsströme zwischen Knotenpunkten sowie die Kosten des Verteilerverkehrs können für den beabsichtigten Vergleich unter der Annahme unberücksichtigt bleiben, daß sie bei allen Transportmitteln in praktisch gleicher Höhe anzusetzen sind.

1.3. Gang der Untersuchung

Zunächst sind einheitliche methodische Grundlagen für den beabsichtigten Vergleich der Mineralöltransportmittel zu erarbeiten. Im Abschn. 2 wird dazu der Mineralölverkehr hinsichtlich seiner Struktur und Schwankungen untersucht. Dann werden die betriebstechnischen Grundlagen der Ölbeförderung dargestellt und die betriebswirtschaftlichen Fragen ausführlich behandelt. Ausgehend von den allgemeinen Problemen eines verkehrswirtschaftlichen Kostenvergleichs werden die verwendeten Kostenbegriffe definiert und die Grundzüge einer einheitlichen Kostenrechnung entwickelt, die für wesentliche Kostengruppen auch einheitliche Ansätze zulassen.

In den Abschn. 3 bis 5 werden sodann die betriebstechnischen und wirtschaftlichen Besonderheiten der Ölbeförderung durch Rohrleitungen, mit Binnenschiffen und Eisenbahn-Ganzzügen behandelt. Strömungstechnische bzw. fahrdynamische Untersuchungen ergeben im Zusammenhang mit den einheitlichen Kostenansätzen die Grundlage für die Ermittlung der objektiven Selbstkosten im Mineralöl-Knotenpunktverkehr.

Im Abschn. 6 werden die Mineralöltransportmittel gegenübergestellt. Aus dem Vergleich der in diesem Zusammenhang wichtigen technischen Eigenheiten und dem Vergleich der objektiven Selbstkosten werden die Einsatzgrenzen der Ölfernleitungen abgeleitet. Abschließend wird noch der Einfluß von Änderungen der Annahmen auf die Ergebnisse erörtert.

Die Ergebnisse der Untersuchung sind im Abschn. 7 zusammengefaßt.

Alle Kostenberechnungen beruhen auf den Preisverhältnissen in der Bundesrepublik Deutschland nach dem Stand des Jahres 1958.

2. Grundlagen des Vergleichs der Mineralöltransportmittel

2.1. Verkehrliche Grundlagen

2.1.1. Struktur des Mineralölverkehrs

Infolge des allgemeinen Ansteigens des Bedarfs an Edelenergie und der starken Zunahme des motorisierten Verkehrs ist im vergangenen Jahrzehnt der Verbrauch an Mineralölen in Westeuropa im Vergleich zu dem anderer Energieträger überdurchschnittlich gestiegen. Wie aus den Zahlen über den Stand und die Vorausschätzung des Mineralölverbrauchs in der Bundesrepublik Deutschland hervorgeht, ist auch in der Bundesrepublik ein erhebliches Anwachsen des Verbrauchs von Kraftstoffen und Heizölen zu beobachten, das nach den Verbrauchsschätzungen der Mineralölwirtschaft weiter anhalten wird (s. Tab. 2 und 3 auf S. 8 und 9).

Der Mineralölverkehr ist ähnlich wie der Kohlenverkehr durch einseitige Verkehrsströme vom Erzeuger zum Verbraucher gekennzeichnet. Während im Rohölverkehr bereits so starke Verkehrsströme entstanden sind, daß der Bau mehrerer großer Ölfernleitungen von den Seehäfen Wilhelmshaven, Rotterdam und Marseille zu den binnenländischen Raffinerieschwerpunkten eine Rentabilität sicher erwarten läßt, werden sich Verlauf und Stärke der Verkehrsströme im Ölproduktenverkehr wegen ihres Zusammenhangs mit den elastischen Ausbauplänen der Raffinerien noch grundlegend ändern. Aus einer Untersuchung der verkehrswirtschaftlichen Probleme des Ölferntransports [*46*] ist für die Bundesrepublik Deutschland jedoch zu entnehmen, daß in der übersehbaren Zukunft für einzelne inländische Verkehrsbeziehungen zwischen den Großraffinerien und Verbrauchsschwerpunkten jährliche Beförderungsmengen in der Größenordnung bis zu mehreren Millionen Tonnen und mit Beförderungsweiten bis zu mehreren hundert Kilometern durchaus zu erwarten sind, die den Einsatz von Fernleitungen für Ölprodukte denkbar erscheinen lassen.

Für den Verlauf und die Stärke der Ölproduktenverkehrsströme ist neben den Standorten der Raffinerien auch das Netz der Tanklager bestimmend, über die die Ölprodukte an die Verbraucher verteilt werden [*62*]. Eine Untersuchung der Struktur eines modernen Tanklagernetzes, durchgeführt am Beispiel Baden-Württemberg, hat das Bestreben der Mineralölwirtschaft erkennen lassen, neuzeitliche Großtanklager in den Verbrauchsschwerpunkten der Ballungsgebiete so anzulegen, daß sie einerseits von den Raffinerien durch Massenverkehrsmittel billig versorgt werden können und andererseits günstig zu der Mehrzahl der Verbraucher liegen. Demgegenüber tritt die Bedeutung der älteren, kleinen Tanklager zurück; so entfallen z. B. in Baden-Württemberg 97% des gesamten Tanklagerraumes auf die Großtanklager in den Hafenstädten.

Für den Verlauf der Verkehrsströme zwischen einem Raffinerieschwerpunkt und einem als Verbrauchsschwerpunkt anzusehenden Großtanklager oder einer Gruppe von Tanklagern sind grundsätzlich die folgenden vier Möglichkeiten denkbar:

1. Bei Benutzung eines Verkehrsmittels:
   a) Knotenpunktverkehr (durchgehende Beförderung von der Raffinerie zu einem Großtanklager) oder
   b) Verteilerverkehr (durchgehende Beförderung von der Raffinerie über Verteilerstellen [Streckenverzweigungen] zu mehreren Tanklagern);
2. Bei Benutzung zweier (oder mehrerer) Verkehrsmittel:
   a) Gebrochener Knotenpunktverkehr (wie 1a, jedoch über ein Umschlagslager) oder
   b) Gebrochener Verteilerverkehr (wie 1b, jedoch über ein Umschlagslager).

Von dem Großtanklager oder der Gruppe von Tanklagern aus werden die Ölprodukte größtenteils in kleinen Mengen mit Straßentankwagen an die Tankstellen und andere Endverbraucher verteilt; nur bei größeren Mengen werden auch Eisenbahntankwagen eingesetzt.

Man ist im Mineralölverkehr, wie allgemein im Verkehrswesen, bestrebt, die Güter auf dem Transport möglichst selten umzuschlagen. Die Analyse des Ölproduktenverkehrs ließ erkennen, daß zur Bestimmung der Einsatzgrenzen der Ölfernleitungen in erster Linie der durchgehende Knotenpunktverkehr zwischen einer Raffinerie und einem Großtanklager (1a) zu untersuchen und daneben der Verteilerverkehr (1b) in Betracht zu ziehen ist. Dagegen wird der gebrochene Mineralölmassenverkehr (2a und 2b) wegen der zusätzlichen Umschlagskosten und Ölverluste in der Zukunft an Bedeutung verlieren.

Um die Einsatzgrenzen der Ölfernleitungen zu bestimmen, muß sich diese Abhandlung hauptsächlich mit dem Knotenpunktverkehr befassen, da die mengenmäßig geringen Verkehrsaufgaben für Ölfernleitungen nicht in Betracht kommen.

Anzumerken ist noch, daß sich die starken Mineralölverkehrsströme zur Zeit aus Transporten mehrerer Firmen zusammensetzen. Der Einsatz von Ölfernleitungen würde besondere Betriebsgesellschaften erfordern. Da in technischer Hinsicht verschiedene Mineralölsorten ähnlicher Zähigkeit durch eine Rohrleitung befördert werden können, sollen im folgenden auch die organisatorischen Voraussetzungen als erfüllt angenommen werden.

2.1.2. Schwankungen des Mineralölverkehrs

Die Selbstkosten der Mineraltransportmittel sind unter anderem wesentlich von den jahreszeitlichen Schwankungen des Mineralölverkehrs abhängig. Als Anhalt für diese Schwankungen wurden die Statistiken des monatlichen Absatzes von Vergaser- und Dieselkraftstoffen (Tab. 7) und von mineralischem Heizöl in der Bundesrepublik Deutschland (Tab. 8) herangezogen. Ferner wurden Berichte über den Gesamtabsatz in Frankreich und die Beförderungsmengen der Ölproduktenleitung TRAPIL von Le Havre nach Paris (Tab. 9) benutzt.

Tabelle 7. *Monatlicher Absatz von Vergaser- und Dieselkraftstoffen in der Bundesrepublik Deutschland in den Jahren 1953 bis 1957*

Monat	1000 t					% des Jahresabsatzes					
	1953	1954	1955	1956	1957	1953	1954	1955	1956	1957	Mittel
	Vergaserkraftstoff (VK)										
Januar ...	120,0	131,1	151,0	186,7	215,6	5,78	5,62	5,68	6,04	6,24	5,9
Februar ...	114,7	136,7	153,1	172,7	215,9	5,53	5,86	5,76	5,59	6,25	5,8
März	160,7	176,0	191,4	229,2	255,9	7,75	7,55	7,20	7,42	7,40	7,5
April	176,9	198,9	230,4	246,4	293,5	8,53	8,53	8,67	7,98	8,49	8,4
Mai	185,8	203,8	226,3	279,0	308,7	8,95	8,74	8,51	9,03	8,93	8,8
Juni	188,1	221,2	248,9	279,2	323,7	9,06	9,49	9,36	9,03	9,38	9,3
Juli	206,7	222,8	258,8	294,2	339,0	9,96	9,56	9,73	9,52	9,81	9,7
August ...	207,6	230,2	277,3	311,6	352,8	10,00	9,87	10,43	10,08	10,21	10,1
September	193,4	222,7	253,1	282,1	302,3	9,32	9,55	9,52	9,13	8,75	9,3
Oktober ...	194,4	208,8	239,3	280,6	301,8	9,37	8,96	9,00	9,08	8,73	9,0
November .	163,4	193,8	220,4	286,6	283,6	7,87	8,31	8,29	9,28	8,21	8,4
Dezember .	163,6	185,5	208,6	241,7	262,6	7,88	7,96	7,85	7,82	7,60	7,8
Summe ..	2075,3	2331,5	2658,6	3090,0	3455,4	100,00	100,00	100,00	100,00	100,00	100,0
	Dieselkraftstoff/Gasöl (DK)										
Januar ...	125,8	140,8	186,9	202,9	231,1	5,75	5,51	6,25	6,02	6,77	6,0
Februar ...	122,4	136,8	172,1	172,6	233,5	5,60	5,35	5,75	5,12	6,84	5,7
März	188,1	203,7	319,2	254,8	247,7	8,60	7,96	10,67	7,56	7,25	8,4
April	174,1	207,1	324,0	279,3	272,6	7,96	8,10	10,83	8,29	7,99	8,6
Mai	177,3	203,1	157,9	267,8	285,8	8,11	7,94	5,28	7,94	8,37	7,6
Juni	180,8	203,9	218,0	298,9	260,7	8,27	7,97	7,29	8,87	7,64	8,0
Juli	199,6	233,1	242,0	285,8	316,8	9,13	9,11	8,09	8,48	9,28	8,8
August ...	211,5	241,6	280,9	330,6	344,7	9,67	9,45	9,39	9,81	10,10	9,7
September	215,5	257,3	291,5	316,6	313,6	9,85	10,06	9,75	9,39	9,19	9,7
Oktober ...	219,6	259,8	289,3	352,7	342,5	10,04	10,16	9,67	10,46	10,03	10,1
November .	190,4	243,4	266,0	336,6	299,5	8,71	9,52	8,89	9,99	8,77	9,2
Dezember .	181,8	227,0	243,3	272,2	265,0	8,31	8,87	8,14	8,07	7,77	8,2
Summe....	2186,9	2557,6	2991,1	3370,8	3413,5	100,00	100,00	100,00	100,00	100,00	100,0

Quelle: Geschäftsbericht des Mineralölwirtschaftsverbandes, Hamburg 1957, S. 78

Tabelle 8. *Monatlicher Absatz von mineralischem Heizöl in der Bundesrepublik Deutschland in den Jahren 1957 und 1958*

Monat	Absatz von Heizöl (in 1000 t)								Absatz von Heizöl (in %)											
	Leicht		Mittel		Schwer		Gesamt		Leicht		Mittel		Schwer		Gesamt		Leicht	Mittel	Schwer	Ges.
	1957	1958	1957	1958	1957	1958	1957	1958	1957	1958	1957	1958	1957	1958	1957	1958	Durchschnitt aus 1957 u. 1958			
Januar ...	177,9	289,5	38,9	56,8	262,3	356,1	479,1	702,4	10,5	9,4	11,8	12,3	9,2	8,9	9,9	9,3	10,0	12,1	9,1	9,6
Februar ...	123,0	235,9	29,8	48,2	209,1	302,2	361,9	586,3	7,3	7,7	9,0	10,5	7,4	7,6	7,4	7,8	7,5	9,8	7,5	7,6
März	93,5	286,4	19,8	53,6	213,7	336,0	327,0	676,0	5,5	9,3	6,0	11,6	7,5	8,4	6,7	9,0	7,4	8,8	7,9	7,9
April	73,9	230,4	18,2	40,9	188,7	294,0	280,8	565,3	4,4	7,5	5,5	8,9	6,6	7,4	5,8	7,5	5,9	7,2	7,0	6,6
Mai	84,9	182,2	19,0	23,1	217,1	296,1	321,0	501,4	5,0	5,9	5,8	5,0	7,6	7,4	6,6	6,7	5,4	5,4	7,5	6,6
Juni	114,2	234,2	17,0	23,3	205,8	289,0	337,0	546,5	6,8	7,6	5,2	5,1	7,3	7,2	6,9	7,3	7,2	5,1	7,2	7,1
Juli	174,2	247,8	20,8	27,8	226,9	287,7	421,9	563,3	10,3	8,1	6,3	6,0	8,0	7,2	8,7	7,5	9,2	6,1	7,6	8,1
August ...	125,5	192,1	22,3	23,9	229,3	292,3	377,1	508,3	7,4	6,3	6,7	5,2	8,1	7,3	7,7	6,7	6,9	5,9	7,7	7,2
September .	133,0	262,5	28,9	27,1	221,5	326,1	383,4	615,7	7,9	8,6	8,8	5,9	7,8	8,2	7,9	8,2	8,2	7,4	8,0	8,1
Oktober ...	151,4	233,0	34,5	34,8	283,3	365,2	469,2	633,0	8,9	7,6	10,4	7,6	10,0	9,2	9,7	8,4	8,2	9,0	9,6	9,0
November .	170,9	245,9	37,2	40,4	279,9	365,4	488,0	651,7	10,1	8,0	11,3	8,8	9,8	9,2	10,0	8,7	9,1	10,0	9,5	9,4
Dezember .	268,3	428,7	43,9	60,4	306,2	476,6	618,4	965,7	15,9	14,0	13,2	13,1	10,7	12,0	12,7	12,9	15,0	13,2	11,4	12,8
Summe....	1690,7	3068,6	330,3	460,3	2843,8	3986,7	4864,8	7515,6	100,0	100,0	100,0	100,0	100,0	100,0	100,0	100,0	100,0	100,0	100,0	100,0

Tabelle 10. *Monatlicher Absatz von Kraftstoffen und leichtem Heizöl in der Bundesrepublik Deutschland, Stand und Vorausschätzung*

Monat	Absatz 1958					Mittlerer Absatz (aus Tab. 7 und 8)			Vorausschätzung (Stand 1957) für das Jahr 1965				
	Vergaser-Kraftstoff	Diesel-Kraftstoff	Leichtes Heizöl	Summe Sp. 2 bis 4		Vergaser-Kraftstoff	Diesel-kraftstoff	Leichtes Heizöl	Vergaser-kraftstoff	Diesel-kraftstoff	Leichtes Heizöl	Summe Sp. 10 bis 12	
	1000 t			1000 t	%	% des Jahresabsatzes			1000 t			1000 t	%
1	2	3	4	5	6	7	8	9	10	11	12	13	14
Januar	247,2	234,7	289,5	771,4	7,0	5,9	6,0	10,0	354	300	600	1254	7,4
Februar	238,5	228,8	235,9	703,2	6,4	5,8	5,7	7,5	348	285	450	1083	6,4
März	278,7	271,4	286,4	836,5	7,6	7,5	8,4	7,4	450	420	444	1314	7,7
April	330,3	317,7	230,4	878,4	8,0	8,4	8,6	5,9	504	430	354	1288	7,6
Mai	363,7	311,0	182,2	856,9	7,8	8,8	7,6	5,4	528	380	324	1232	7,2
Juni	354,2	309,0	234,2	897,4	8,2	9,3	8,0	7,2	558	400	432	1390	8,2
Juli	393,9	386,9	247,8	1028,6	9,4	9,7	8,8	9,2	582	440	552	1574	9,3
August	398,9	363,7	192,1	954,7	8,7	10,1	9,7	6,9	606	485	414	1505	8,8
September	380,0	382,2	262,5	1024,7	9,4	9,3	9,7	8,2	558	485	492	1535	9,0
Oktober	365,1	395,0	233,0	993,1	9,1	9,0	10,1	8,2	540	505	492	1537	9,0
November	319,9	355,2	245,9	921,0	8,4	8,4	9,2	9,1	504	460	546	1510	8,9
Dezember	319,0	343,2	428,7	1090,9	10,0	7,8	8,2	15,0	468	410	900	1778	10,5
Summe	3989,4	3898,8	3068,6	10956,8	100,0	100,0	100,0	100,0	6000	5000	6000	17000	100,0

Tabelle 9. *Monatlicher Absatz von Kraftstoffen und leichtem Heizöl in Frankreich und Beförderungsmengen der Ölleitung Le Havre—Paris im Jahr 1957*

Monat	Vergaser-Kraftstoff		Diesel-Kraftstoff		Leichtes Heizöl		Summe		Ölleitung TRAPIL	
	1000 t	%	1000 t	%	1000 t	%	1000 t (Sp. 2+4+6)	%	1000 m³	%
1	2	3	4	5	6	7	8	9	10	11
Januar	287	6,6	110	7,7	460	11,3	857	8,7	164,4	10,4
Februar	207	4,7	87	6,1	341	8,4	635	6,4	128,2	8,1
März	301	6,9	107	7,5	323	7,9	731	7,4	128,1	8,1
April	405	9,3	112	7,8	310	7,6	827	8,4	117,7	7,4
Mai	340	7,8	116	8,1	258	6,4	714	7,2	104,0	6,5
Juni	466	10,7	129	9,0	223	5,5	818	8,3	122,2	7,7
Juli	372	8,5	125	8,7	223	5,5	720	7,3	103,8	6,5
August	472	10,8	118	8,2	209	5,1	799	8,1	79,9	5,1
September ...	404	9,3	126	8,8	310	7,6	840	8,5	100,5	6,3
Oktober	427	9,8	138	9,6	354	8,7	919	9,3	156,4	9,9
November ...	417	9,5	146	10,2	504	12,4	1067	10,8	178,5	11,3
Dezember ...	268	6,1	119	8,3	555	13,6	942	9,6	202,8	12,7
Summe	4366	100,0	1433	100,0	4070	100,0	9869	100,0	1586,5	100,0

Quelle: Pétrole-éléments statistiques, Paris 1957, S. 37, 57, 61 und 97

Allgemein ist diesen Unterlagen zu entnehmen, daß in beiden Ländern der Absatz von Vergaser- und Dieselkraftstoffen ähnliche Schwankungen aufweist, deren Spitzen im Spätsommer/Herbst und deren Täler im Winter liegen, während der Verbrauch von leichtem Heizöl etwa entgegengesetzt mit Spitzen in den Wintermonaten verläuft. Bei weiterem Ansteigen des Verbrauchs wird die Beförderung von leichtem Heizöl daher in verkehrswirtschaftlich durchaus erwünschter Weise zu einer gleichmäßigeren Beschäftigung der Mineraltransportmittel beitragen.

In der Tab. 10 sind die Zahlen über den monatlichen Absatz von Kraftstoffen und leichtem Heizöl in der Bundesrepublik Deutschland analog zu dem in der Tab. 9 wiedergegebenen Absatz in Frankreich zusammengestellt. Links sind die absoluten Absatzzahlen für das Jahr 1958 und die Mittelwerte der relativen Absatzzahlen, die aus den Tab. 7 und 8 übernommen sind, verzeichnet. Um den Einfluß des wachsenden Heizölanteils zu erfassen, ist rechts eine Vorausschätzung für den zukünftigen monatlichen Absatz angegeben, die aus den Schätzungen der Mineralölwirtschaft (Stand 1957) für den gesamten Verbrauch im Jahr 1965 abgeleitet wurde. Die absoluten Zahlen der Vorausschätzung werden zwar bald Änderungen unterliegen, doch sind für die Schwankungen des Verkehrsaufkommens allein das Verhältnis der Mengen und die daraus abgeleiteten Prozentzahlen (Spalte 14) wichtig.

Wenn auch die in den Tab. 9 (Spalte 9) und 10 (Spalten 6 und 14) wiedergegebenen Absatzzahlen für den gesamten Mineralölverbrauch in Frankreich bzw. in der Bundesrepublik Deutschland gelten, so kann doch daraus in vorsichtiger Verbindung mit den Angaben für die Ölleitung TRAPIL (Spalte 11 der Tab. 9) ein Anhalt für die Schwankungen einzelner Verkehrsströme und die Beschäftigung der Mineralöltransportmittel gewonnen werden. Für die spätere Leistungsbemessung der Mineralöltransportmittel wird unterstellt, daß das Verkehrsaufkommen in einzelnen Relationen etwa nach Spalte 14 der Tab. 10 schwanken und die Monatsspitze unter Berücksichtigung der Ausgleichswirkung der Tanklager höchstens 12% der jährlichen Beförderungsmenge betragen wird.

Mit dieser Annahme ergibt sich für den Beschäftigungsgrad der Verkehrsmittel im Ölproduktenverkehr ein Jahresmittel von 70%.

2.2. Betriebstechnische Grundlagen

2.2.1. Ölfernleitungen

Rohrleitungen bestehen aus dem eigentlichen Rohrstrang, der häufig unterirdisch verlegt wird, und den Pumpen, die in Abhängigkeit von den Rohrreibungsverlusten in bestimmten Abständen angeordnet werden und die Antriebskraft vermitteln. Außerdem sind am Anfang und am Ende jeder Ölleitung Tanklager erforderlich, die neben dem Ausgleich der Schwankungen in der Zu- und Abfuhr der Mineralöle auch in beschränktem Umfang der Vorratshaltung dienen können.

Es wurde bereits darauf hingewiesen, daß sich diese Abhandlung nur mit Ölleitungen ohne Wärmeschutz oder Heizeinrichtungen befaßt.

Der technische Aufbau der Ölleitungen ist also einfach; auch hinsichtlich ihrer Linienführung sind Leitungen verhältnismäßig freizügig, da sie im Gegensatz zu den anderen Verkehrsmitteln weder an Höchststeigungen noch an kleinste Bogenhalbmesser gebunden sind. Dementsprechend treten geringere Umwege als bei den anderen Verkehrsmitteln auf, wie noch im einzelnen im Abschn. 6.1.1. gezeigt werden wird.

Dem Vorzug der Ölleitungen, die Fortbewegung der Transportgefäße überflüssig zu machen, steht der Nachteil der Ortsgebundenheit gegenüber. Daher beschränkt sich der Einsatz von Leitungen auf solche Verkehrsbeziehungen, in denen ein langjähriges und verhältnismäßig gleichmäßiges Transportaufkommen zu erwarten ist. So ist auch der verhältnismäßig späte Bau von Ölproduktenleitungen, der erst im Jahr 1930 in den USA begann, aus der räumlichen Streuung der Ölverbraucher und der großen Zahl der Raffinerieerzeugnisse zu erklären, die den Eigenheiten des Transportmittels Rohrleitung nicht ohne weiteres entsprechen.

Erst als es technisch möglich wurde, verschiedene Sorten leichtflüssiger Mineralöle hintereinander durch eine Leitung zu pumpen und getrennt zu entnehmen, konnten Ölproduktenleitungen von den Raffinerien zu den Verbrauchsschwerpunkten gebaut werden. Als Beispiel sei auf die Ölfernleitung TRAPIL von Le Havre nach Paris verwiesen, durch die bis zu 32 verschiedene Mineralölerzeugnisse in einer bestimmten Reihenfolge befördert und im Raum Paris über ein insgesamt 55 km langes Verteilernetz an 28 Großabnehmer geliefert werden.

2.2.2. Binnenschiffahrt und Eisenbahn

Die universellen Verkehrsmittel benutzen für die Beförderung flüssiger Mineralöle besondere Tankfahrzeuge, die zum Transport zäher Mineralöle zusätzlich mit einem Wärmeschutz und mit Heizeinrichtungen versehen sein müssen. Im vergangenen Jahrzehnt wurden sowohl die Eisenbahn-Tankwagen als auch die Binnentankschiffe mit dem Ziel weiterentwickelt, sie technisch den neuzeitlichen Anforderungen anzupassen und ihre Wirtschaftlichkeit zu verbessern.

Dem Vergleich mit den Ölfernleitungen sind die modernen Betriebsmittel der herkömmlichen Verkehrsträger zugrunde zu legen. Bei der Eisenbahn werden dementsprechend mit elektrischen Lokomotiven bespannte Züge aus vierachsigen Tankwagen, von denen jeder einzelne etwa 60 Tonnen Tragfähigkeit und 20 Tonnen Eigengewicht hat, eingesetzt. Bei der Binnenschiffahrt sind Motortankschiffe vom Typ „Gustav Koenigs“ und „Johann Welker“ vorgesehen, die bei 950 Tonnen bzw. 1350 Tonnen Tragfähigkeit 73 bzw. 52% der deutschen Wasserstraßen befahren können. Die Ladefähigkeit der Binnenschiffe hängt jedoch von den Wasserständen und der zugelassenen Tauchtiefe ab und erreicht nicht an allen Tagen die genannten Werte für die Tragfähigkeit.

Im Gegensatz zu den für den Ölverkehr eigens neu zu verlegenden Rohrleitungen lassen sich die für die Öltransporte zusätzlich erforderlichen Leistungen in vielen Fällen — abgesehen von sehr großen Rohöl-Verkehrsströmen — auf den vorhandenen zweigleisigen Eisenbahnstrecken oder Binnenwasserstraßen ohne wesentliche bauliche Erweiterungen durchführen. Auf die dadurch bedingten kostentheoretischen Besonderheiten, die im Abschn. 2.3.3. behandelt werden, sei hier schon hingewiesen.

2.3. Betriebswirtschaftliche Grundlagen

2.3.1. Allgemeine Probleme des Kostenvergleichs

Aufgabe der betrieblichen Kostenrechnung ist es, die Kosten eines Betriebes nach wirtschaftlichen Gesichtspunkten zu ordnen und sie den Leistungen gegenüberzustellen, um die Kosten der Leistungseinheiten zu bestimmen ([*26*] S. 9). Im folgenden soll unter dem Begriff Kosten der wertmäßige, betriebsnotwendige Normalverbrauch an Gütern und Leistungen zur Erstellung des Betriebsprodukts verstanden werden [*9*].

Nachdem anfangs die Kostenrechnungen nur auf die Erfordernisse des Einzelbetriebs abgestellt waren, entwickelte sich das Bestreben, die Kosten mehrerer Betriebe für die Produktion gleicher Einheiten zu vergleichen, um Erkenntnisse über die Wettbewerbslage und Anregungen für wirtschaftliche Verbesserungen der Betriebe zu gewinnen.

Für industrielle Unternehmungen sind die Probleme der Kostenrechnung und des Kostenvergleichs weitgehend gelöst. Dabei hat sich ergeben, daß folgende Bedingungen erfüllt sein müssen, wenn ein zwischenbetrieblicher Kostenvergleich sinnvolle und haltbare Ergebnisse haben soll (P. MÜLLER [*12*] S. 49):

1. etwa gleiche Betriebsgröße,
2. etwa gleiche Organisationsform,
3. etwa gleiche Fertigungsmethoden,
4. nach Qualität und Ausstattung etwa gleiche Erzeugnisse,
5. gleicher Beschäftigungsgrad,
6. gleicher Kontenplan mit gleichen Buchungsmethoden.

Die Verkehrsunternehmungen haben unter Anwendung der neueren betriebswirtschaftlichen Methoden zwar auch den jeweiligen Betriebsbedürfnissen angepaßte Kostenrechnungen aufgebaut, doch stößt der von der Verkehrswirtschaft immer wieder geforderte Vergleich der Kosten verschiedener Verkehrsmittel auf theoretische und praktische Schwierigkeiten. Diese Schwierigkeiten werden vor allem dadurch verursacht, daß bei einem allgemeinen Vergleich verschiedener Verkehrsmittel von den obengenannten sechs Bedingungen kaum eine erfüllt wird. Der grobe Vergleich von Durchschnittskosten für bestimmte Leistungseinheiten der Verkehrsmittel, z. B. 1 Tonnenkilometer (tkm) Güterbeförderung im gesamten Eisenbahn- und Binnenschiffsverkehr, hat daher geringen Erkenntniswert und ist unbefriedigend.

Um möglichst sichere und einheitliche Grundlagen für einen Vergleich der Massenverkehrsmittel herzustellen, beschränkt sich diese Untersuchung auf bestimmte Transportaufgaben. Prüft man die obengenannten Bedingungen auf die Möglichkeit einheitlicher Grundlagen für den Vergleich, so ergibt sich:

Hinsichtlich der Bedingungen 1. bis 3. (Betriebsgröße, Organisationsform und Fertigungsmethoden) sind einheitliche Grundlagen aus wirtschaftlichen und technischen Gründen nicht möglich. Dagegen können für die Mineralöltransportmittel einheitliche Erzeugnisse (Leistungseinheiten), einheitliche Beschäftigungsgrade sowie einheitliche Grundzüge für die Kostenrechnungen angenommen bzw. gefunden werden.

Wenn also in dieser Abhandlung die Kosten der Beförderung leichtflüssiger Mineralöle mit Massenverkehrsmitteln ermittelt und verglichen werden sollen, muß es oberster Grundsatz sein, die Mineralöltransportmittel soweit wie möglich gleichen Bedingungen zu unterwerfen. Zu diesem Zweck sind zunächst weitere Kostenbegriffe zu erläutern. Im Anschluß daran ist die Methodik einer einheitlichen Kostenrechnung zu entwickeln.

2.3.2. Der Begriff der objektiven Selbstkosten

C. PIRATH hat die Selbstkosten eines Verkehrsunternehmens als die Summe der in Geld ausgedrückten Aufwendungen für die Ortsveränderung von Personen, Gütern und Nachrichten definiert und weiter zwischen den partiellen und den objektiven Selbstkosten unterschieden ([*17*] S. 210). Die „objektiven" oder volkswirtschaftlichen Selbstkosten umfassen im Gegensatz zu den „partiellen" Selbstkosten nicht nur die betrieblichen Aufwendungen des Unternehmens selbst, sondern auch die Lasten, die von anderer Seite — insbesondere von der Allgemeinheit — zugunsten des Verkehrsunternehmens getragen werden. Andererseits gehören aber auch diejenigen Kosten nicht zu den objektiven Selbstkosten, die ein Verkehrsunternehmen für die Allgemeinheit zu tragen gezwungen ist.

Der neueren wissenschaftlichen Lehrmeinung folgend, sollen im folgenden unter Selbstkosten stets die objektiven Selbstkosten verstanden werden, denn nach C. PIRATH geben nur sie eine klare Grundlage für die wirklichen Selbstkosten und für den Vergleich verschiedener Verkehrsmittel und ihrer volkswirtschaftlichen Bedeutung ([*17*] S. 211).

Die vollen objektiven Selbstkosten der Verkehrsunternehmen umfassen die Kapitalkosten und die Betriebskosten. Unter den Begriff „Kapitalkosten" fallen die kalkulatorische Verzinsung und Abschreibung des betriebsnotwendigen Anlagekapitals für die Fahrzeuge und den Fahrweg. Unter dem Begriff „Betriebskosten" sind die vollen Kosten für Personal, Betriebsstoffe, Unterhaltung der Fahrzeuge und des Fahrwegs, Versicherungen und sonstige Kosten zusammengefaßt. Zuschläge für Gewinn und gewinnabhängige Steuern bleiben bei der Berechnung von Selbstkosten außer Ansatz; die Frage der Steuern mit Kostencharakter wird im Abschn. 2.3.5.4. behandelt.

Ergänzend ist darauf hinzuweisen, daß die Berücksichtigung der Wegekosten im Rahmen der objektiven Selbstkosten unumgänglich ist und auch einem Gutachten des Wissenschaftlichen Beirats beim Bundesverkehrsministerium entspricht ([*29*], [*17*] S. 210, [*18*] S. 292 u. a.). P. BERKENKOPF [*31*] hat dazu geäußert: „In eine richtige volkswirtschaftliche Kostenrechnung sind auch diejenigen Kosten einzusetzen, die eine Verzinsung des in den Verkehrswegen investierten Kapitals, soweit diese Wege für den Verkehr benutzt werden, erfordert. Ebenso wie ein Privatunternehmen bei richtiger Kostenkalkulation eine Verzinsung und Amortisation des in dem Unternehmen investierten Kapitals als Kostenbestandteil rechnen muß, so muß auch eine Volkswirtschaft für das in Verkehrswegen investierte Kapital eine entsprechende Rechnung aufmachen."

Zur praktischen Durchführung und Erfassung der objektiven Selbstkosten ist zu bemerken, daß eine Kostenrechnung für Ölleitungen, die als Sonderverkehrsmittel nur eine Gütergruppe befördern, verhältnismäßig einfach ist. Dagegen müssen bei den universellen Verkehrsmitteln aus den Kosten der vielfältigen Beförderungsvorgänge von Personen und Gütern aller Art die anteiligen Selbstkosten der Mineralöltransporte ausgeschieden werden. Die dabei auftauchenden theoretischen und praktischen Schwierigkeiten zwingen im Rahmen dieser Abhandlung zu einigen Annahmen, die in den Abschn. 4 und 5 im einzelnen behandelt werden.

2.3.3. Der Begriff der Grenzkosten

Der Vergleich der vollen objektiven Selbstkosten der Verkehrsmittel, der Vollkostenvergleich, beruht auf der Annahme, alle untersuchten Beförderungsmöglichkeiten bestünden bereits, oder alle Beförderungsmöglichkeiten müßten neu geschaffen werden. Das ist aber, wenn die Einsatzgrenzen der Ölfernleitungen untersucht werden sollen, insofern nicht der Fall, als die Rohrleitungen in jedem Fall neu zu errichten sind, während die universellen Verkehrsmittel für die zusätzlichen Mineralöltransporte mehr oder weniger weitgehend vorhandene Anlagen werden mitbenutzen können.

Bei einer volkswirtschaftlichen Betrachtungsweise ist von der Forderung auszugehen, die Summe der Aufwendungen für das gesamte Verkehrssystem möglichst niedrig zu halten. Dementsprechend genügt für die Mineraltransportmittel ein Vollkostenvergleich nicht allein, sondern es sind außerdem die vollen Selbstkosten neu errichteter Ölleitungen mit den anteiligen zusätzlichen Selbstkosten zu vergleichen, die den universellen Verkehrsmitteln durch die neuen Mineralöltransporte entstehen würden. Dieser Gedankengang führt auf den Begriff der Teilkosten, die im Gegensatz zu den Vollkosten nicht alle, sondern nur einen Teil der objektiven Selbstkosten umfassen.

Die Teilkosten liegen zwischen einem oberen Grenzwert, den Vollkosten, und einem unteren Grenzwert, den Grenzkosten. Die Grenzkosten entwickeln sich aus der Scheidung der Selbstkosten in feste und veränderliche Anteile. Die absolut festen Kosten eines Verkehrsunternehmens sind von der Beförderungsmenge unabhängig, während die relativ festen Kosten innerhalb eines Leistungsbereichs fest sind und an den Grenzen des Bereichs Sprünge aufweisen.

Zur Erläuterung ist auszuführen, daß sich nach K. MELLEROWICZ ([*9*] S. 353 f.) unter dem Druck der festen Kosten mit ihrer Abhängigkeit von der Produktionsmenge eine Wandlung im betrieblichen Kostendenken vollzogen hat. Bisher stand das Kostendenken im Zeichen der Gesamt- bzw. der durchschnittlichen Einheitskosten. Dieses Denken hat auch heute seine Bedeutung nicht verloren, weil ein Betrieb immer versuchen muß, seine vollen Kosten zu decken. In jüngster Zeit wurde jedoch neben den Durchschnittskosten der Begriff der Schichtkosten neu entwickelt. Man versteht darunter die zusätzlich entstehenden oder wegfallenden Kosten der neuen Produktionsschichten; die letzte Schicht verursacht Grenzschichtkosten oder ,,Grenzkosten". Die Theorie der Grenzkosten ist nach K. MELLEROWICZ der Kern der modernen Kostentheorie und bildet die Grundlage für die Verfeinerung der betrieblichen Kostenrechnung und des kalkulatorischen Denkens.

Das Denken in Schicht- oder Grenzkosten hat nur bei Betrieben mit hohen festen Kosten einen Sinn; es ist deswegen auch für die Verkehrsbetriebe von Bedeutung. Während die festen Kosten unabhängig von der Beförderungsleistung auftreten, umfassen die Grenzkosten im wesentlichen die veränderlichen Kosten, die bei Erweiterung oder Verminderung der Beförderungsleistungen um eine Schicht entstehen oder wegfallen. Deckt der Preis für eine zusätzliche Beförderungsleistung etwas mehr als die Grenzkosten, so trägt er zur Deckung der ohnehin vorhandenen festen Kosten bei und erbringt also einen relativen Gewinn.

Diese Betrachtungen über die Grenzkosten sind in den folgenden Kostenberechnungen auf die universellen Verkehrsmittel anzuwenden, bei denen zu der Grundlast des vorhandenen Personen- und Güterverkehrs der Mineralölverkehr neu hinzutreten wird. Es ist jedoch nachdrücklich darauf hinzuweisen, daß die Grenzkosten zwar als Grundlage für einen verkehrswirtschaftlichen Vergleich, auf keinen Fall aber allgemein als Grundlage der Tarifgestaltung dienen können.

2.3.4. Methodik einer einheitlichen Kostenrechnung

Als Grundlage für den Kostenvergleich der Mineralöltransportmittel ist nun eine einheitliche Kostenrechnung zu entwickeln.

Die Durchsicht allgemeiner Abhandlungen über Wirtschaftlichkeitsrechnungen [*21,* 40 u. a.] sowie die Prüfung des umfangreichen Schrifttums über Kostenvergleiche im Verkehrswesen [*1, 4, 10, 17, 18, 51, 55, 59, 63, 66*] hat dazu nur einzelne für die praktische Durchführung brauchbare Hinweise ergeben. Da für den Vergleich der Kosten des Schienen- und Straßenverkehrs ohnehin die Problematik anders geartet ist, erscheint ein methodischer Anschluß an die darüber vorliegenden Untersuchungen [*12, 50, 56, 57*] unzweckmäßig.

Aus dem Schrifttum geht hervor, daß im Gegensatz zu den auf ingenieurwissenschaftlichen Grundlagen aufgebauten Betriebskostenrechnungen der Eisenbahnunternehmen [*14, 26, 34, 37, 44, 52, 58*] die bei den Unternehmen der Binnenschiffahrt üblichen Kostenrechnungen [*7, 11, 12, 27*] vorwiegend aus kaufmännisch-betriebswirtschaftlichen Überlegungen entwickelt sind.

Da auch die Berücksichtigung der Wegekosten und die Lösung der durch die Kuppelproduktion der Verkehrsleistungen auftretenden Probleme bei den Betriebskostenrechnungen der Eisenbahnunternehmen besonders weit entwickelt ist, erschien es zweckmäßig, die einheitliche Kostenrechnung methodisch an die ,,Dienstvorschrift für die Aufstellung der Betriebskostenrechnung (Beko)" der Deutschen Bundesbahn anzulehnen.

Das entspricht auch dem Vorgehen des vom Bundesverkehrsminister eingesetzten ,,Ausschusses zur Kostenanalyse des Verkehrs in Deutschland", über das P. H. THERSTAPPEN [*63*] berichtet hat. Dieser sogenannte Selbstkostenausschuß hat das als Abb. 9 wiedergegebene einheitliche Schema der Kostenrechnung für alle Verkehrszweige entwickelt.

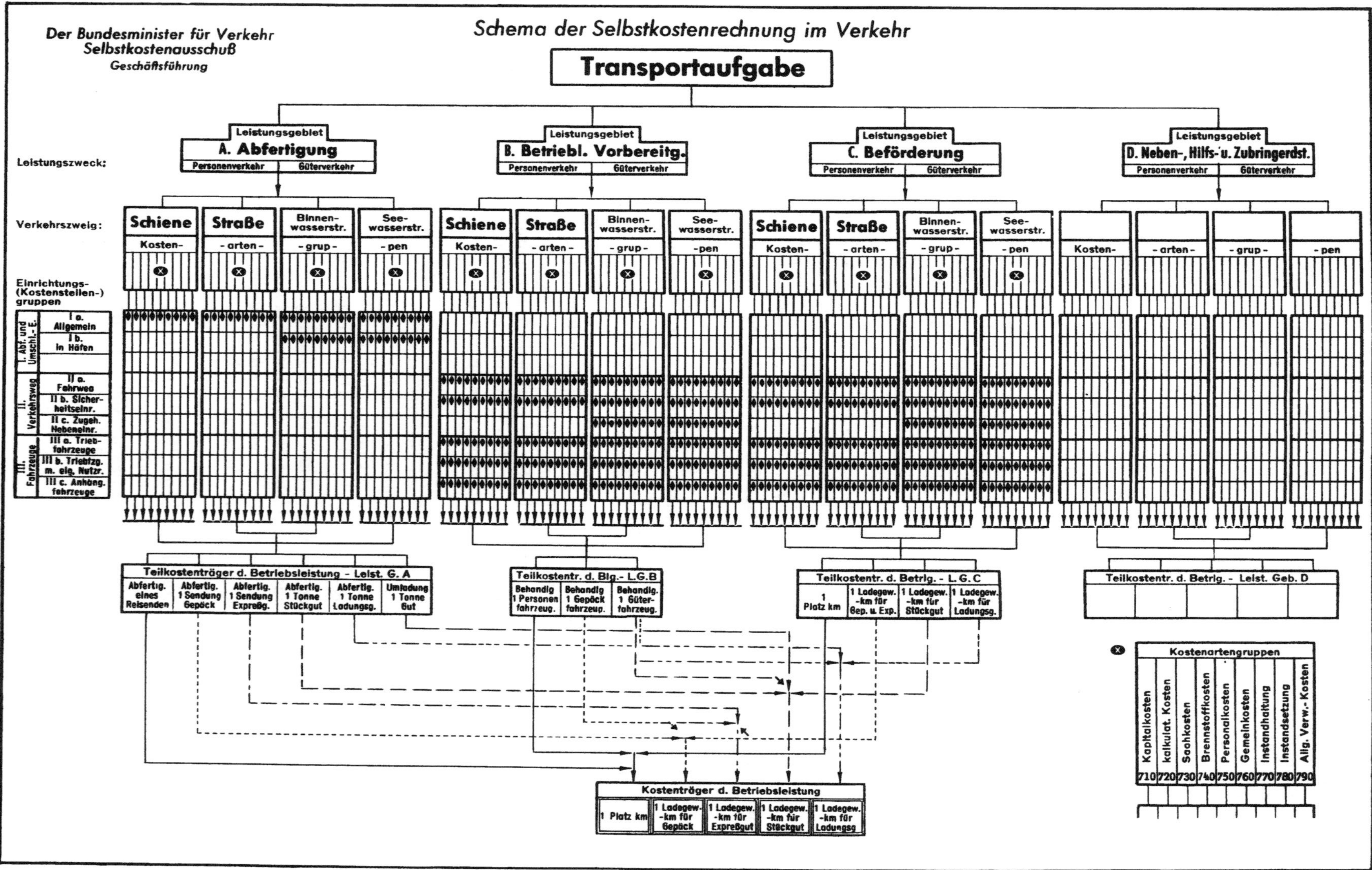

Abb. 9. Allgemeines Schema der Kostenrechnung im Verkehr. Quelle [63]

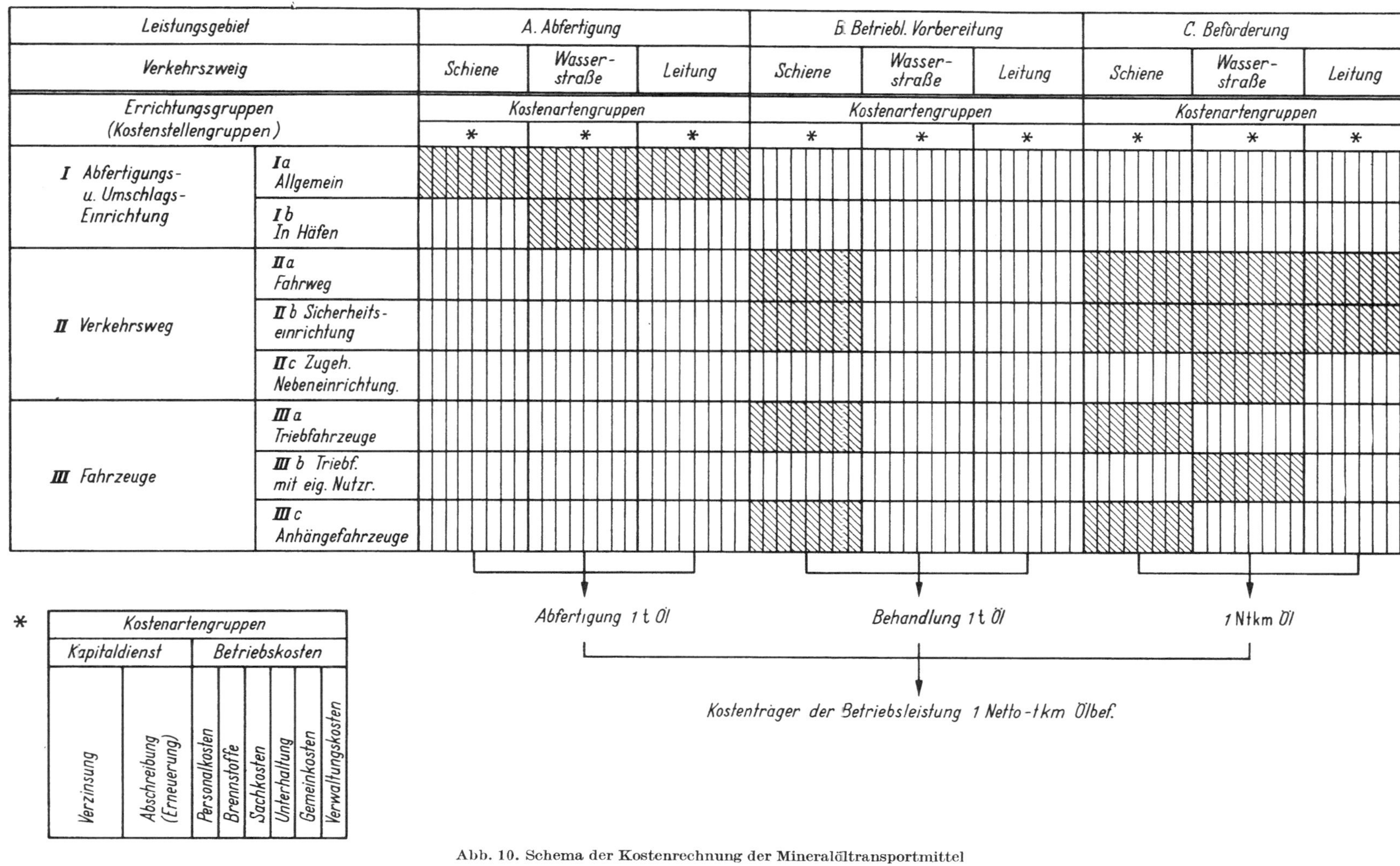

Abb. 10. Schema der Kostenrechnung der Mineralöltransportmittel

Das Schema der Abb. 9 unterscheidet für die verschiedenen Verkehrszweige einerseits die Leistungsgebiete

Abfertigung,
betriebliche Vorbereitung,
Beförderung sowie
Neben,- Hilfs- und Zubringerdienste

und andererseits die Einrichtungs- oder Kostenstellengruppen

Abfertigungs- und Umschlagseinrichtungen,
Verkehrswege und
Fahrzeuge.

Für den speziellen Vergleich der Mineralöltransportmittel läßt sich das Schema erheblich vereinfachen. Zu dem auf der Abb. 10 dargestellten Schema der Kostenrechnung der Mineralöltransportmittel ist zu bemerken, daß nach der Begriffsbestimmung des Selbstkostenausschusses [*63*] das Leistungsgebiet „Abfertigung" alle Leistungen einschließt, die dem Abschluß des Beförderungsvertrages bis zur Unterbringung der Güter in den Transportgefäßen, dem Umladen unterwegs, dem Entladen am Ziel bis zur Auslieferung an den Empfänger dienen. Unter „Betrieblicher Vorbereitung" wird das Zusammenstellen, Umbilden und Auflösen der Züge, das Überführen der Transportgefäße zur Lade- und Abfahrtsstelle sowie von der Ankunfts- und Entladestelle zum Aufstellplatz verstanden. Die „Beförderung" umfaßt den eigentlichen Transportvorgang, also die Ortsveränderung der beladenen und leeren Transportgefäße.

Trotz der gelegentlich geäußerten Bedenken [*57*] wird als einheitliche Leistungseinheit der Transport einer Tonne Mineralöl über eine Beförderungsweite von einem Kilometer gewählt, wobei die Beförderungsweite jedoch in der Luftlinie zwischen Quelle und Ziel des Verkehrsstromes, also der Raffinerie und dem Großtanklager, gemessen wird. Durch den Ansatz der Luftlinien-Entfernung wird eine einheitliche Vergleichsgrundlage für die Mineraltransporte geschaffen und vermieden, daß die durch Geländeverhältnisse und technische Eigenheiten der Verkehrsmittel verursachten Umwege und Mehrleistungen fälschlich als echte Verkehrsleistungen gewertet werden.

Die bei der Kostenrechnung theoretisch zu berücksichtigenden Kostenartengruppen, die im einzelnen aus der Abb. 10 zu ersehen sind, erscheinen zunächst zahlreich. Jedoch kann bei der Durchführung einer einheitlichen Kostenrechnung für die Mineralöltransportmittel von der durch Versuchsrechnungen bestätigten Vermutung ausgegangen werden, daß bei den Selbstkosten des Massenverkehrs zwischen Knotenpunkten auf die Kostenarten und -stellen des Leistungsgebietes Beförderung der Hauptanteil der Kosten entfällt. Die Kosten der Leistungsgebiete Abfertigung und betriebliche Vorbereitung machen nur einen kleinen Teil der Gesamtkosten aus und brauchen deshalb im Rahmen dieser Abhandlung nicht nach Kostenarten aufgegliedert zu werden.

Im einzelnen können für das Leistungsgebiet Beförderung die Ansätze für die Kapitalkosten aus betriebswirtschaftlichen Überlegungen abgeleitet werden, wobei der Vergleichbarkeit wegen hier nicht die Frage der Berechtigung von Kapitalkosten für das Kapital der öffentlichen Hand angeschnitten werden soll [*6*]. Die Ansätze für Personal-, Brennstoff- und Sachkosten lassen sich nach den Verfahren von W. MÜLLER [*14, 51*] aus den technisch-physikalischen Bewegungsvorgängen berechnen. Die Unterhaltungskosten werden nach technischen Erfahrungswerten der Verkehrsmittel eingesetzt [*13, 23*]. Schließlich wird der Anteil der — insgesamt gesehen — weniger wichtigen Kostenarten, die nur durch eingehende Analysen der Istkosten der Verkehrsunternehmen genau erfaßt werden könnten, unter der Bezeichnung „Verwaltungs- und Gemeinkosten" zusammenfassend geschätzt. Auf die Berechnung der Selbstkosten wird in den Abschn. 3, 4 und 5 näher eingegangen.

Wegen der weitgehenden Neuheit der modernen Beförderungsmöglichkeiten im Mineralölmassenverkehr und wegen der Mängel der derzeitigen Kostenrechnungen der Verkehrsmittel war es nicht möglich, den Vergleich auf Istkosten der Mineralöltransportmittel aufzubauen. Es mußte vielmehr eine synthetische Plankostenrechnung aufgestellt werden, wobei es gelang, durch Wahl einheitlicher Kostenansätze und durch Abstimmung der Plankosten mit teilweise bekannt gewordenen Istkosten eine für den beabsichtigten allgemeinen Vergleich genügende Genauigkeit zu erzielen.

2.3.5. Einheitliche Kostenansätze

Als Grundlage für die Kostenrechnungen der Mineralöltransportmittel sollen in diesem Abschnitt, soweit es schon möglich ist, einheitliche Kostenansätze eingeführt werden, die nach den Leistungsgebieten geordnet und durch Ausführungen über die Steuern ergänzt sind. Dabei mußten weitgehend Plankosten zugrunde gelegt werden.

2.3.5.1. Abfertigung und Umschlag. Die Abfertigung umfaßt die kaufmännische Abwicklung des Beförderungsvertrages, die bei einem Massengut einfach und entsprechend billig ist.

Der Umschlag von leichtflüssigen Mineralölen verursacht geringfügige Kosten. Bei den Ölleitungen ist er so sehr mit dem Beförderungsvorgang verbunden, daß er nur gedanklich abgesondert werden kann; die Vorpumpen (Boosterpumpen) führen das vom Tank kommende Öl den Hauptpumpen zu. Bei der Binnenschiffahrt wird der Umschlag dadurch erleichtert, daß das Öl zwischen wenigen großen Tanks umgepumpt werden muß, während bei den Eisenbahnzügen eine größere Zahl von Wagen von oben gefüllt bzw. zur Entleerung an eine Abfüll-Sammelleitung angeschlossen werden muß. Der verschiedene technische Aufwand schlägt sich in den Kosten nieder und wurde näherungsweise für Umschlaganlagen hoher Leistung untersucht.

Als Ergebnis werden den Kostenrechnungen folgende Ansätze für die Abfertigung einschließlich Umschlag zugrunde gelegt:

1. Ölleitung 5 Dpf/t,
2. Tankschiff 20 Dpf/t,
3. Tankwagen 40 Dpf/t.

Nebenbei sei noch bemerkt, daß sich die Lagerkosten für ein größeres Tanklager, die die Kosten der Lagerung und die Umschlagskosten umfassen und hier nicht berücksichtigt sind, in der Größenordnung von 2,0 DM/t bewegen.

2.3.5.2. Betriebliche Vorbereitung. Nennenswerte Kosten für die betriebliche Vorbereitung entstehen nur bei der Eisenbahn. Unter Berücksichtigung der besonderen Verhältnisse des Ganzzugverkehrs mit Großraumtankwagen genügt es, für die Zugbildung einen Betrag von 3,0 DM je Wagen und Umlauf in Rechnung zu stellen.

2.3.5.3. Beförderung. Die Beförderungskosten werden bei den einzelnen Mineralöltransportmitteln näher untersucht. Dabei wird den Kapitalkosten ein einheitlicher Zinssatz von 6% zugrunde gelegt, der der Lage auf dem Kapitalmarkt im Jahr 1958 unter Berücksichtigung von Ausgabespesen und Nebenkosten entspricht.

Als Preis für elektrische Energie wurden 6 Dpf/kWh am Unterwerk bzw. Pumpwerk der Ölleitung angesetzt, als Preis des Treiböls der Motortankschiffe 190 DM/t.

2.3.5.4. Steuern. Ob die Steuern zu den Selbstkosten der Verkehrsmittel zu rechnen sind, ist umstritten, da ein direkter Zusammenhang zu den eigentlichen technisch-physikalischen Transportvorgängen nicht besteht. Da aber nach K. MELLEROWICZ die geordnete Existenz der sozialen Gemeinschaft Kosten auf volkswirtschaftlicher Ebene verursacht, die als Steuern auf die Glieder dieser Gemeinschaft übertragen werden, wird man nicht den Kostencharakter aller Steuern leugnen können ([*9*] S. 87). Es ist im einzelnen zu untersuchen, ob eine Steuerart als betriebswirtschaftlicher Aufwand, als neutraler Aufwand oder als Gewinnverwendung anzusehen ist; von den Steuerarten kann nur der betriebswirtschaftliche Aufwand in die Kostenrechnungen übernommen werden.

Die Untersuchung der zahlreichen Steuerarten hat ergeben, daß von den Besitzsteuern im wesentlichen nur die Lohnsummensteuer hier zu erwähnen und bei den Personalkosten in Rechnung zu stellen ist, während die anderen Steuerarten mit Kostencharakter vernachlässigt werden können.

Mit Verkehrssteuern sind die Verkehrsträger auf Grund gesetzlicher Bestimmungen sehr unterschiedlich belastet. Während die Binnenschiffahrt im Hinblick auf den internationalen Wettbewerb von den Verkehrssteuern befreit ist, haben die Ölleitungsunternehmen Umsatzsteuer (4% des Umsatzes) zu entrichten; der Mineralölverkehr der Eisenbahn ist der Beförderungssteuer (8% der Beförderungsentgelte) unterworfen. Um alle Mineralöltransportmittel einheitlich zu behandeln, wurden die Verkehrssteuern nicht in die Selbstkostenberechnungen eingeführt.

Schließlich wurde das Problem der Verbrauchssteuern und -zölle, insbesondere der Mineralölabgaben, dadurch ausgeklammert, daß für die Eisenbahn und die Ölfernleitungen elektrischer Betrieb vorgesehen wurde, während die Binnenschiffahrt durch Ausnahmebestimmungen ohnehin von Mineralölabgaben befreit ist.

Die weiteren Kostenansätze, die nicht einheitlich getroffen werden konnten, werden bei den Mineraltransportmitteln behandelt.

3. Mineralölbeförderung durch Rohrleitungen

3.1. Technische Grundlagen

3.1.1. Rohrstrang

Die Trassierung von Ölleitungen ist freizügiger als die anderer Verkehrswege, denn es sind starke Steigungen und scharfe Krümmungen technisch möglich. Außerdem wird die Linienführung dadurch erleichtert, daß eine Leitung nur wenige Knotenpunkte verbindet und die dazwischen liegenden Ortschaften umgehen kann. Vor allem aus technischen und Sicherheitsgründen werden die Leitungen in der Regel unterirdisch verlegt.

Die Rohrdurchmesser werden in Abhängigkeit von der Fördergeschwindigkeit und der geforderten Förderleistung bestimmt. Ausgeführt wurden bei Ölfernleitungen Durchmesser bis zu 750 mm, bei Gasleitungen und bei Fernwasserleitungen sogar noch größere Rohrdurchmesser.

Die Rohre selbst bestehen wegen des hohen Innendruckes meistens aus weichen, hochwertigen Stählen, die örtliche Überbeanspruchungen durch Fließen ausgleichen können. Wegen der hohen Beanspruchung ist eine einwandfreie Herstellung des durchgehend geschweißten Rohrstrangs erforderlich [*64*]. Wesentlich für die Betriebssicherheit und die Lebensdauer der Leitungen ist außerdem der Schutz des Rohrstrangs vor chemischen Einwirkungen des Grundwassers und vor vagabundierenden Gleichströmen. Als Schutz kann beispielsweise unmittelbar auf einen bituminösen Anstrich eine Glastextilumhüllung gewickelt werden, die nicht hygroskopisch sowie zugfest ist [*41*]. Dieser mechanische Schutz des Rohrstrangs wird häufig durch einen kathodischen Schutz ergänzt.

Die technischen Fragen der Verlegung von Rohrleitungen sind im Schrifttum öfter behandelt worden [*2, 22, 32, 38, 41, 48, 68*] und brauchen daher nicht weiter erörtert zu werden.

3.1.2. Pumpwerke

Für eine wirtschaftliche Betriebsführung sind die Wahl des Abstands und der Ausrüstung der „Betriebsstellen" der Rohrleitung, der Pumpwerke, wichtig. Durch ständige Weiterentwicklung der Pumpen, des Rohrmaterials sowie der Schweißtechnik ist es gegenwärtig möglich, Förderdrücke von 60 bis 70 kp/cm^2 (in Sonderfällen noch mehr) anzuwenden, das entspricht Förderhöhen von 600 bis 700 m Wassersäule. Der Abstand der Pumpwerke wird in Verbindung mit den Höhenverhältnissen der Trasse bestimmt. Als Anhaltswerte für normale Pumpwerksabstände bei Ölfernleitungen sind 50 bis 120 km zu nennen.

Als Antriebsmittel können entweder Kreiselpumpen oder Kolbenpumpen eingesetzt werden. Kreiselpumpen sind durch niedrige Anschaffungskosten, gleichmäßige Strömung in der Leitung und die Möglichkeit vollautomatischen Betriebs gekennzeichnet. Dagegen haben Kolbenpumpen neben einem besseren Wirkungsgrad auch eine längere Lebensdauer und sind unempfindlich gegen höhere Viskositäten der zu fördernden Flüssigkeit. Für die Beförderung leichtflüssiger Mineralöle werden bevorzugt Kreiselpumpen mit Antrieb durch Elektro- oder Dieselmotoren verwendet, wobei die Pumpen bei größeren Förderhöhen häufig mehrstufig ausgeführt oder in Serien hintereinandergeschaltet werden müssen [*16, 39, 69*].

Gewisse betriebliche Schwierigkeiten entstehen durch die Forderung, die Förderleistung der Pumpwerke einem wechselnden Verkehrsaufkommen anzupassen, denn jeder Antriebssatz, bestehend aus Kreiselpumpe und Motor, hat nur einen begrenzten optimalen Betriebsbereich. Andere als dem

Entwurf zugrunde gelegte Betriebsbedingungen verschlechtern den Gesamtwirkungsgrad des Pumpwerks und erhöhen somit die Betriebskosten.

Einfache Mittel zur Regelung der Fördermengen sind die Drosselung, mit der eine starke Energievernichtung verbunden ist, oder die Verstellung der Beschaufelung der Pumpen, die jedoch wegen ihrer hohen Anschaffungs- und Unterhaltungskosten ungern angewendet wird [*16*]. Um die Nachteile dieser Regelungsarten zu vermeiden, werden größere Pumpwerke häufig mit zwei oder drei Antriebssätzen ausgerüstet, die bei Parallelbetrieb die volle Leistung ergeben, während bei geringerem Verkehrsaufkommen einzelne Antriebssätze zeitweise abgeschaltet werden. Die Anordnung von drei Antriebssätzen hat daneben den Vorteil, daß bei Schäden an einer Maschine der Betrieb mit den anderen fortgeführt werden kann.

Soll infolge stärkerer Zunahme des Verkehrsaufkommens die Leistungsfähigkeit einer Ölfernleitung über die ursprünglichen Werte hinaus gesteigert werden, so kann man durch Einbau weiterer Pumpwerke die Pumpwerksabstände halbieren. Dann läßt sich bei zeitweiser Teilbeanspruchung die Leistung durch Abschalten jedes zweiten Pumpwerks in wirtschaftlicher Weise verringern.

3.2. Berechnungsgrundlagen

Die Berechnungsgrundlagen der Rohrleitungen sind im Schrifttum ausführlich behandelt, z. B. von F. Herning [*5*], H. Richter [*20*], F. Schwedler und H. v. Jürgensonn [*22*]. Im Rahmen dieser Untersuchung genügt es, nur die Grundlagen für die weiteren Ableitungen darzustellen.

3.2.1. Berechnung der Leistungsfähigkeit

Die theoretische Leistungsfähigkeit Q einer Ölleitung ergibt sich bei konstantem Rohrquerschnitt F und gleichbleibender Fördergeschwindigkeit v aus der Gleichung

$$Q = v \cdot F = \pi \cdot v \cdot d^2/4 \ (\mathrm{m^3/s}).$$

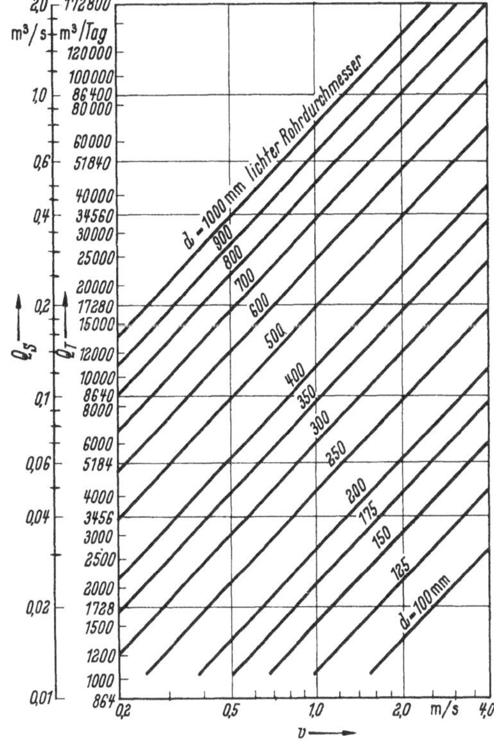

Abb. 11. Theoretische Leistungsfähigkeit von Rohrleitungen

Auf der Abb. 11 ist die theoretische Leistungsfähigkeit in Kubikmeter je Sekunde und je Tag in Abhängigkeit vom Rohrdurchmesser d und von der Fördergeschwindigkeit v dargestellt. Sie ist unter der Voraussetzung berechnet, daß die Geschwindigkeit konstant und die Leitung ununterbrochen in Betrieb ist.

Da jedoch Betriebsunterbrechungen infolge technischer Störungen oder mangelndem Verkehrsaufkommen bei längerem Betrieb unvermeidlich sind, kann die praktische Dauerleistung die theoretische Leistungsfähigkeit nicht erreichen. In vielen Fällen wird die Leistung einer Ölleitung letztlich durch die Schwankungen des Verkehrsaufkommens und den Beschäftigungsgrad bestimmt.

Auf den Abb. 12a und b ist die Dauerleistung von Ölleitungen in Kubikmeter je Jahr in Abhängigkeit vom Beschäftigungsgrad dargestellt. Aus den angegebenen Werten ergibt sich die Dauerleistung in Tonnen je Jahr durch Multiplikation mit dem Raumgewicht der beförderten Flüssigkeit.

3.2.2. Hydraulische Berechnung

Der hydraulischen Berechnung müssen zunächst einige Bemerkungen über die Stoffeigenschaften der zu befördernden Mineralöle vorangestellt werden. Insbesondere sind das spezifische Gewicht und die Viskosität zu untersuchen.

Die Viskosität oder Zähigkeit ist das Maß des Widerstandes der Flüssigkeit gegenüber einer Verschiebung ihrer Teilchen. Sie wird entweder als dynamische Zähigkeit η im absoluten Maß in Poise P (Einheit 1 dyn · s/cm²) oder — für praktische Zwecke einfacher — ohne Berücksichtigung der Dichte ϱ als kinematische Zähigkeit ν in Stokes St (Einheit 1 cm²/sec) bestimmt. Zwischen beiden Maßen besteht die Beziehung $\eta = \nu \cdot \varrho$.

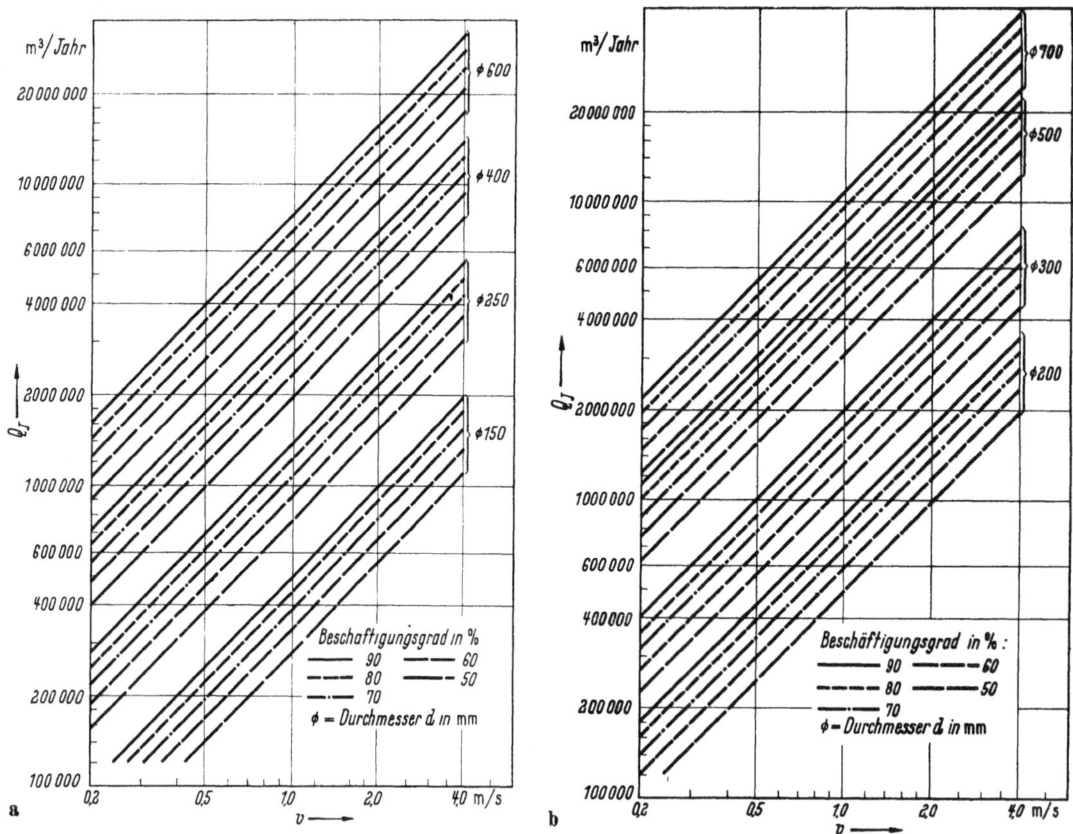

Abb. 12. a u. b. Dauerleistung von Ölleitungen in Abhängigkeit vom Beschäftigungsgrad
a Rohrdurchmesser 150, 250, 400 und 600 mm b Rohrdurchmesser 200, 300, 500 und 700

Wegen der unterschiedlichen chemischen Zusammensetzung schwanken die Viskositäten der Mineralöle zwischen weiten Grenzen. Für die in diesem Zusammenhang wichtigen Ölprodukte Benzin, Dieselöl und leichtes Heizöl gibt die Tab. 11 einen Anhalt für durchschnittliche Werte der Zähigkeit und des Raumgewichts in Abhängigkeit von der Temperatur.

Der weiteren hydraulischen Berechnung der Ölleitung werden folgende Mittelwerte zugrundegelegt:

Temperatur der Ölfernleitungen = 10° C;

	Raumgewicht	Zähigkeit
Benzin:	$\gamma = 730$ kg/m³,	$\nu = 2\ cSt$,
Dieselöl:	$\gamma = 850$ kg/m³,	$\nu = 7\ cSt$,
Leichtes Heizöl:	$\gamma = 850$ kg/m³,	$\nu = 12\ cSt$.

Bei der Bewegung von Flüssigkeiten in Leitungen können zwei verschiedene Strömungsarten auftreten: Entweder die laminare Strömung, bei der sich die Flüssigkeitsteilchen glatt auf parallelen Stromlinien bewegen, oder die turbulente Strömung, bei der zu der Längsbewegung der Flüssigkeits-

Tabelle 11. *Zähigkeit und Raumgewicht dünnflüssiger Mineralöle in Abhängigkeit von der Temperatur*

Mineralöl	Zähigkeit in cSt bei einer Temperatur von				Raumgew. bei 15° C kg/m³	Quelle
	0° C	10° C	20° C	50° C		
Benzin (VK)			0,8		700—740	1
		1—2		0,5—1	720—750	3
Mittel	1,2	1,0	0,8		730	
Dieselöl (DK)			4		857	1
		8	10			2
	4—16	3—12		1—4	835—855	3
	5,5	4,5	4	2,6		4
Mittel	8	7	5		850	
Heizöl, ...	6—10	4—8	3,5—5,5	2—3	825—835	3
extra leicht (HEL)	10	7,5	5,5	3,2		4
Heizöl, leicht (HL)	19	14	10	5	850	3
Mittel	15	12	8		850	

Quellen: [1] H. Richter [*20*] S. 209 und 213,
[2] L. Grosse, Arbeitsmappe für Mineralölingenieure, Düsseldorf 1951, Blätter L 5 und L 8,
[3] Mineralölindustrie,
[4] Z. f. Binnenschiffahrt 85 (1958) H. 12, S. 487

teilchen Querbewegungen kommen, so daß die Stromlinien Wirbel bilden. Welche von diesen beiden Strömungsarten sich im Einzelfall einstellt, hängt von der mittleren Geschwindigkeit v der Flüssigkeit, dem Rohrdurchmesser d und der kinematischen Zähigkeit ν der Flüssigkeit ab.

Versuche über die Ähnlichkeit verschiedener Strömungsbilder haben gezeigt, daß die „Reynoldsche Zahl"

$$R_e = \frac{v \cdot d}{\nu} \text{ (Dimensionslos)}$$

die folgende Aussage über die im Einzelfall zu erwartende Strömungsart erlaubt:

Ist R_e kleiner als 2320, so ist die Strömung immer laminar — auch wenn durch Störungen, z. B. durch scharfe Kanten, Wirbel verursacht werden, stellt sich nach einer gewissen Rohrlänge wieder der laminare Zustand ein (stabile Strömung);
ist R_e größer als 2320, so ist die Strömung meist turbulent, kann aber unter besonderen Umständen noch laminar sein.

Die kritische Geschwindigkeit, bei der $R_e = 2320$ ist, liegt nach H. Richter ([*20*] S. 280) bei Mineralölen mit Viskositäten von $10^6 \cdot \nu = 1$ bis 10 m²/s und Rohrdurchmessern von $d = 0{,}20$ bis 0,40 m bei $v = 0{,}01$ bis 0,12 m/s. Dabei kann man für Ölfernleitungen, die in der Regel mit viel höheren Fördergeschwindigkeiten betrieben werden, im allgemeinen mit turbulenter Strömung rechnen.

Die eigentliche hydraulische Berechnung einer Rohrleitung geht von dem Satz von der Erhaltung der Energie und der daraus abgeleiteten Bernoullischen Gleichung aus, die für ideale Flüssigkeiten lautet:

$$\frac{v^2}{2g} + \frac{p}{\gamma} + h = \text{const.}$$

Bei Strömungsvorgängen wirklicher Flüssigkeiten in Rohrleitungen ist zusätzlich der durch die Rohrreibung entstehende Druckabfall zu berücksichtigen, der aus zahlreichen empirisch ermittelten Formeln berechnet werden kann. So gilt nach Prandtl-Colebrook folgende Gleichung für die Verlusthöhe:

$$h_v = L \cdot \lambda \cdot v^2/2\,gd.$$

Die Schwierigkeit bei der Anwendung dieser Gleichung liegt in der Ermittlung der Reibungszahl λ, einer Funktion der Reynoldschen Zahl. Während die Reibungszahl für laminare Strömung aus der Beziehung $\lambda = 64/R_e$ berechnet werden kann, läßt sie sich bei der in Ölfernleitungen meistens vorkommenden turbulenten Strömung nur aus begrenzt anwendbaren Formeln bestimmen, die wegen ihrer Kompliziertheit häufig graphisch dargestellt sind. So kann die Reibungszahl für alle Flüssigkeiten z. B. aus dem Diagramm nach F. HERNING ([*5*] Tafel I) bestimmt werden, das auf der Gleichung von COLEBROOK beruht. F. SCHWEDLER-H. v. JÜRGENSONN ([*22*] S. 117) geben ein Diagramm mit Reibungszahlen nach R. S. DANFORTH wieder, das speziell für Ölleitungen gilt und deshalb mit den Werten nach COLEBROOK verglichen wurde.

Es hat sich gezeigt, daß in dem für Ölproduktenleitungen praktisch in Frage kommenden Bereich zwischen $R_e = 20\,000$ bis 12 000 und $d/k = 200$ bis 500 die Kurve nach DANFORTH zwischen den Kurven nach COLEBROOK liegt, so daß sie praktisch dieselben Werte wie die der weiteren Rechnung zugrunde gelegten Werte nach COLEBROOK ergibt. Diese Werte können auch dem von F. J. MOCK [*49*] veröffentlichten Nomogramm zur Bestimmung der Reibungszahl entnommen werden.

In die hydraulische Berechnung der Rohrleitungen geht ferner das Rauhigkeitsmaß der verwendeten Rohre ein, für das Anhaltszahlen in der Tab. 12 zusammengestellt sind.

Tabelle 12. *Anhaltszahlen für das Rauhigkeitsmaß von Rohren verschiedener Wandbeschaffenheit*

Rohr	Wandbeschaffenheit	Rauhigkeitsmaß k mm
Stahlrohr, geschweißt	neu, bitumiert	0,05 bis 0,15
	gebraucht, leicht verrostet bis leicht verkrustet	0,15 bis 0,5
	Mittelwert für Ferngasleitungen nach mehrjährigem Betrieb	0,5 bis 1,0
	stark verrostet bis stark verkrustet	1,0 bis 3,0
Gußrohr	neu, bitumiert	0,1 bis 0,15
	neu, ohne Bitumen	0,25 bis 0,5
	gebraucht, verrostet	1 bis 1,5
	leicht bis stark verkrustet	1,5 bis 3,0
	nach mehrjährigem Betrieb gesäubert	1,5

Quelle: HERNING [*5*] S. 35

Bei Ölproduktenleitungen wird man, ähnlich wie bei Ferngasleitungen nach mehrjährigem Betrieb, ein Rauhigkeitsmaß $k = 0,5$ bis 1 mm unter der Voraussetzung annehmen können, daß die Leitung öfter gereinigt wird.

Damit sind die wichtigsten Grundlagen zur Bestimmung der Rohrreibungszahl dargestellt. Ausgehend von den Diagrammen nach F. HERNING [*5*] und nach F. J. MOCK [*49*] wurden für die wichtigen Ölprodukte die Rohrreibungszahlen in Abhängigkeit von dem Rohrdurchmesser und der Fördergeschwindigkeit bestimmt. Mit Hilfe der Rohrreibungszahlen wurde weiter der Druckabfall für ausgewählte, praktisch in Frage kommende Verhältnisse berechnet. Die Ergebnisse sind auf den Abb. 13a bis c graphisch dargestellt. Die Genauigkeit der Berechnungsmethode ist zwar begrenzt, genügt aber im Hinblick auf die ungleichmäßigen Stoffeigenschaften der geförderten Mineralöle vollauf.

3.2.3. Berechnung der Pumpwerke

Beim Entwurf einer Ölfernleitung ist im Zusammenhang mit der hydraulischen Berechnung nicht nur der Rohrdurchmesser zu bestimmen, sondern auch der Abstand der Pumpwerke und die erforderliche Pumpenleistung zu ermitteln. Beide Werte lassen sich aus der manometrischen Förderhöhe der Leitung ableiten.

Die insgesamt erforderliche manometrische Förderhöhe H_{man} ergibt sich unter der Voraussetzung, daß Durchmesser d und Fördergeschwindigkeit v auf der ganzen Leitungslänge L konstant sind, aus

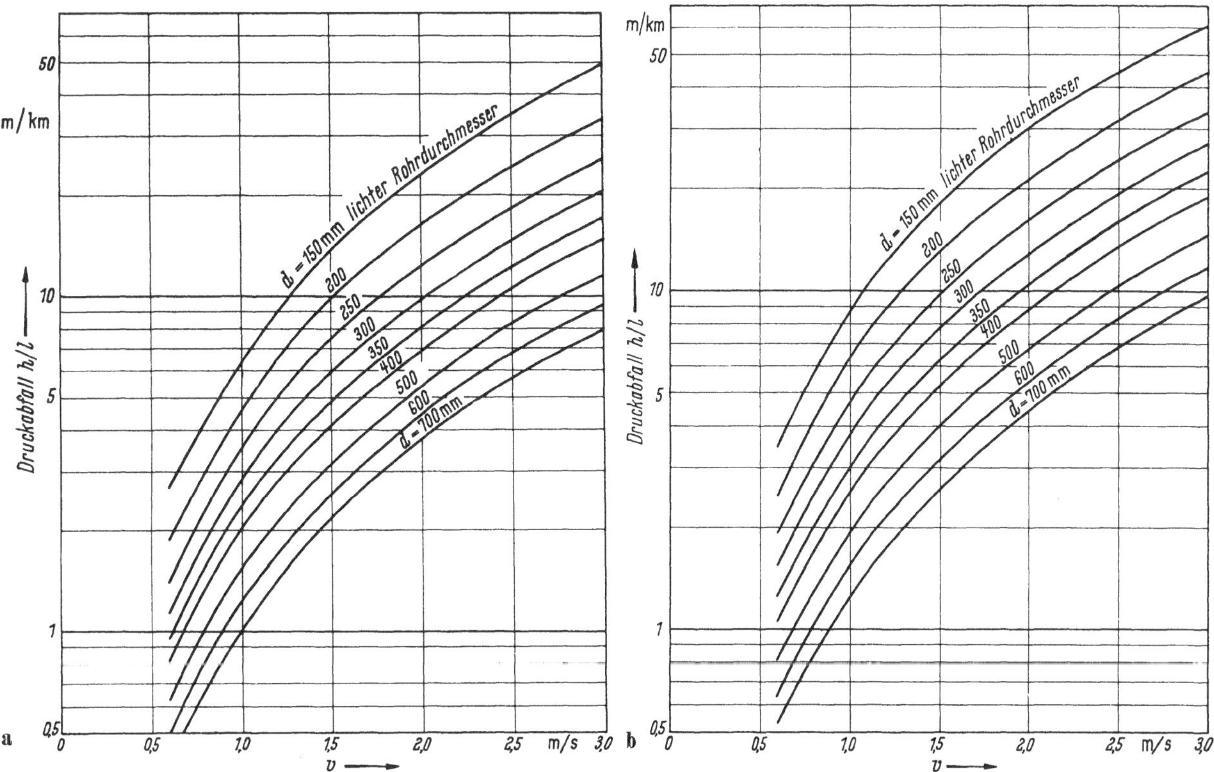

Abb. 13 a – c. Druckabfall in Abhängigkeit von Rohrdurchmesser d und Fördergeschwindigkeit v
a Druckabfall für Benzin b Druckabfall für Dieselöl
c Druckabfall für leichtes Heizöl

der erweiterten Bernoullischen Gleichung. Aus praktischen Gründen wird zusätzlich ein Sicherheitszuschlag von 10% für Druckverluste in Rohreinbauten und den am Rohrende vorhandenen Restdruck berücksichtigt. Damit lautet die Gleichung:

$$H_{\text{man}} = 1{,}1\,(h_v \pm h) = 1{,}1\left(\frac{\lambda \cdot L \cdot v^2}{2 \cdot g \cdot d} \pm h\right).$$

Bei gleichmäßiger Unterteilung auf n Pumpwerke und gleichmäßiger Steigung der Rohrleitung beträgt die manometrische Förderhöhe für ein Pumpwerk

$$\varDelta\, H_{\text{man}} = \frac{H_{man}}{n}\ (\text{m}).$$

Dazu ist zu bemerken, daß die größte manometrische Förderhöhe eines Pumpwerks nicht beliebig gesteigert werden kann, sondern aus maschinenbautechnischen Gründen auf etwa 700 m Wassersäule oder 70 kp/cm² begrenzt ist.

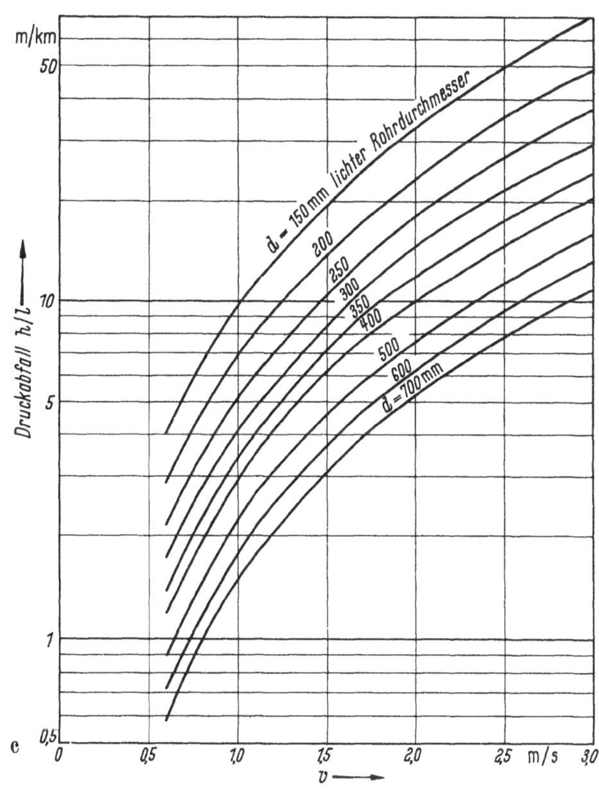

Die Förderhöhe entspricht einem Förderdruck in der Leitung hinter der Pumpe von

$$p = \frac{\gamma \cdot H_{man}}{10000} \text{ (kp/cm}^2\text{)}.$$

Der Förderdruck verringert sich infolge des Druckabfalls mit wachsender Entfernung von der Pumpe, er verändert sich außerdem in Abhängigkeit von den geodätischen Höhenverhältnissen.

Der Abstand E der Pumpwerke kann genau nach dem zeichnerischen Verfahren von W. G. WATKINS [*3, 65*] oder überschläglich, mit ausreichender Genauigkeit für Vorentwürfe, aus folgender Gleichung ermittelt werden:

$$E = \frac{L \cdot \Delta H_{man}}{H_{man}} = L/n.$$

Sind Zahl und Abstand der Pumpwerke festgelegt, können die Pumpen und ihr Antrieb bemessen werden. Die erforderliche indizierte Pumpenleistung beträgt

$$N_i = \frac{\gamma \cdot Q \cdot \Delta H_{man}}{75 \cdot \eta_P} \text{ (PS)}.$$

Die indizierte Motorleistung beträgt bei direktem Antrieb unter Berücksichtigung eines Sicherheitszuschlages von 10%

$$N_{Mi} = 1{,}1\ N_i/\eta_M \text{ (PS)} = 0{,}736 \cdot 1{,}1\ N_i/\eta_M \text{ (kW)}.$$

Die Wirkungsgrade der Pumpen und Motoren richten sich nach der Belastung und der Maschinengröße. Als Anhaltswerte seien genannt:

Kreiselpumpen	η_P bis 0,85,
Kolbenpumpen	η_P bis 0,95,
Elektromotoren	η_M bis 0,95,
Dieselmotoren	η_M bis 0,40.

Bei größeren Gesamtleistungen der Pumpwerke teilt man trotz der damit verbundenen höheren Anlagekosten die geforderte Leistung auf mehrere Antriebssätze auf. Wie bereits erwähnt, werden die Pumpwerke häufig mit drei Antriebssätzen ausgerüstet, von denen einer als Reserve dient.

3.2.4. Festigkeitsberechnung der Rohre

Die Rohrwanddicke s wird aus dem höchsten Betriebsdruck und dem Rohrdurchmesser berechnet. Nach der Formel von BARLOW (DIN 2413) gilt für vorwiegend ruhend beanspruchte Leitungen mit Temperaturen bis 120° C:

$$s = \frac{d_a \cdot p}{200 \cdot \frac{K}{S} \cdot v} + c \text{ (mm)}$$

Darin bedeuten:

d_a = Außendurchmesser der Rohre (mm),
p = Höchster Betriebsdruck (kp/cm²),
K = Werkstoffkennwert (Streckgrenze in kp/mm² s. Tab. 13),
S = Sicherheitsbeiwert ($S = 1{,}7$ im Regelfall; $S = 1{,}6$ in unbebautem Gebiet oder bei besonderen Schutzmaßnahmen),
v = Wertigkeit der Längsschweißnaht
($v = 1{,}0$ bei nahtlosen Rohren; $v = 0{,}9$ bei doppelseitig geschweißter, geprüfter Naht),
c = Zuschläge für zulässige Wanddickenunterschreitung, Korrosion und Abnutzung.

Diese Gleichung erfaßt nur die Beanspruchung des Rohres durch Innendruck. Außerdem sind bei der Bemessung der Rohrwanddicke die zusätzlichen Beanspruchungen zu untersuchen, die aus Zwangskräften durch behinderte Wärmedehnungen der Rohrleitung sowie aus den Biegebeanspruchungen durch das Eigengewicht der Rohrleitung und die Erdbelastung entstehen können. Bei den für Ölfernleitungen in Frage kommenden hohen Innendrücken und hochwertigen Werkstoffen sind jedoch die zusätzlichen Beanspruchungen häufig von untergeordneter Bedeutung, zumal wenn durch die unterirdische Lage die Temperaturschwankungen verringert werden.

In der Tab. 13 sind die Streckgrenzen für verschiedene Stahlgüten nach deutschen und nordamerikanischen Normen zusammengestellt.

Tabelle 13. *Streckgrenzen für verschiedene Stahlgüten nach deutschen und nordamerikanischen Normen*

Norm und Gütestufe	Mindest-Streckgrenze	
1. Nach DIN 1626, Klasse B	(kp/mm²) Wanddicke bis 8 mm	(kp/mm²) Wanddicke 8 bis 16 mm
St 34	19	18
St 37	21	20
St 42	24	23
2. Nach API-Standard	(p.s.i.)[1]	(kp/mm²)
2.1 Nach Standard 5 L		
A	30 000	21,1
B	35 000	24,6
C	45 000	31,6
2.2 Nach Standard 5 L X		
X 42	42 000	29,5
X 46	46 000	32,3
X 52	52 000	36,6

[1] p.s.i. = pound/square inch

Quelle: Rheinrohr-Handbuch

In der Tab. 14 sind die zulässigen Betriebsdrücke für Stahlrohre in Abhängigkeit von Durchmesser und Wanddicke eingetragen. Sie wurden nach der Formel von Barlow berechnet, wobei der Sicherheitsbeiwert $S = 1{,}7$ und der Zuschlag $c = 11\%$ der Wanddicke eingesetzt wurde.

Tabelle 14. *Zulässige Betriebsdrücke für Stahlrohre in Abhängigkeit von Durchmesser und Wanddicke*

Nenndurchm. D (mm)	Außendurchm. d_a (mm)	Rechnungs-Ansätze	Zulässiger Betriebsdruck p (kp/cm²) bei einer Wanddicke s (mm) von									
			5,0	6,0	7,0	8,0	9,0	10	11	12	14	16
150	159		98									
200	216		72	86								
250	267	Güte X 42;	58	70	81	93						
300	318	K = 29,5	49	60	69	78	88	98				
350	368	ν = 1,0	42	51	59	68	76	85	93			
400	419	S = 1,7	37	44	52	59	67	74	81	89		
500	521	Güte X 52;		40	46	53	60	66	73	82	91	
600	622	K = 36,6		33	39	44	50	56	61	67	78	89
700	725	ν = 0,9			33	38	43	48	53	58	67	77
		S = 1,7										

Den Berechnungen wurden Stahlgüten nach einer Norm des Amerikanischen Petroleum-Instituts (API-Standard 5 LX) zugrunde gelegt, die besonders auf den Pipelinebau zugeschnitten ist und auch in Europa mangels geeigneter inländischer Gütevorschriften vielfach angewendet wird. Im übrigen sind für kleinere Rohre mit Durchmessern unter 500 mm nahtlose Stahlrohre vorgesehen, während die größeren Rohre mit Durchmessern von 500 mm und mehr nur in geschweißter Ausführung geliefert werden. Bestimmte Mindestwandstärken dürfen mit Rücksicht auf Maßungenauigkeiten und eventuelle Rostschäden nicht unterschritten werden.

3.3. Ermittlung der Anlagekosten und Verbrauchswerte

Es ist zweckmäßig, die Anteile der Anlagekosten für Rohrstrang und Pumpwerke getrennt zu ermitteln, da letztere von geringerer Bedeutung sind und sich mit dem Abstand der Pumpwerke ändern.

3.3.1. Anlagekosten des Rohrstrangs

In der Tab. 15 sind die Anlagekosten des Rohrstrangs, also der Rohrleitungen ohne Pumpwerke, für verschiedene Nenndurchmesser D und Betriebsdrücke ermittelt.

Im Kopf der Tab. 15 sind die für verschiedene zulässige Betriebsdrücke im Bereich von 50 bis 70 kp/cm² nach Tab. 14 erforderlichen Wandstärken und die zugehörigen Rohrgewichte zusammengestellt. Zu den einzelnen Positionen und Preisansätzen der Tab. 15 ist folgendes zu bemerken:

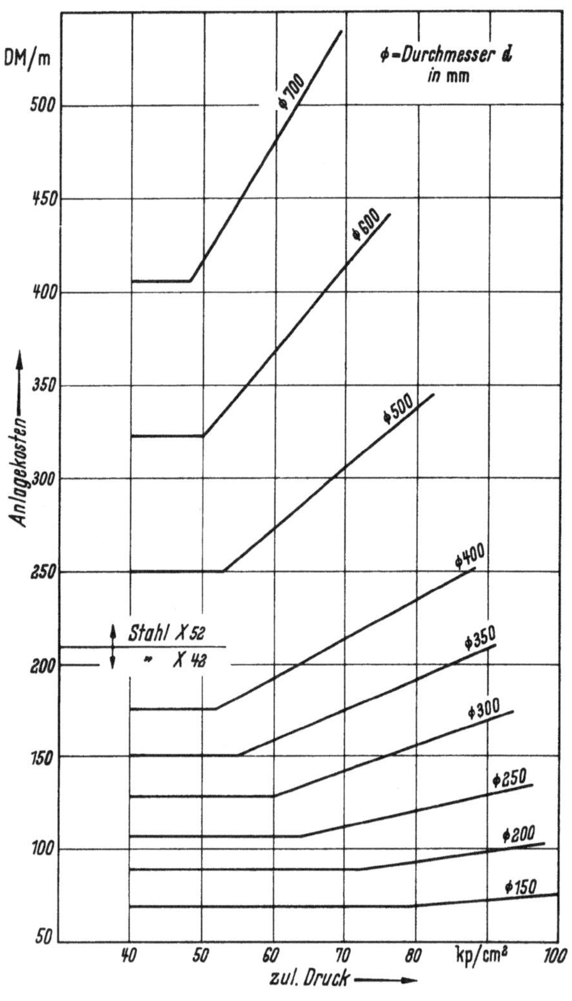

Abb. 14. Anlagekosten des Rohrstrangs

1. Für die Grunddienstbarkeit wurde nach den Erfahrungen beim Bau der Nordwest-Ölleitung und in Anbetracht der voraussichtlichen Preissteigerung bei größeren Rohrleitungen ein Betrag von 6 DM je laufenden Meter Leitungslänge eingesetzt, der bei den Rohrleitungen mit kleinerem Durchmesser bis auf 3 DM/m verringert wurde.
2. Der Preis der Rohre frei Baustelle geht von dem Rohrpreis ab Werk aus, der je nach Stahlgüte 1000 bis 1100 DM je Tonne beträgt; daneben wurden ein Mengenrabatt und ein Zuschlag für Frachten berücksichtigt. Für Formstücke, Schieber und Armaturen wurden 10% der Rohrpreise zugeschlagen [*2*].
3. Für das Verteilen und Verlegen der Rohre sowie das Schweißen ist nach W. GANDENBERGER [*2*] mit einem mittleren Wert von 18% der Rohrpreise zu rechnen.
4. Die Tiefbauarbeiten umfassen neben dem Aushub und späteren Verfüllen des Bodens auch die Ausgaben für die stellenweise erforderliche Wasserhaltung. Außerdem wurden hier die Preise der Rohrisolierung und der Druckproben in Rechnung gestellt.
5. Die zur Verbindung der Pumpwerke erforderliche Fernmeldeleitung wurde mit 5 DM/m veranschlagt.
6. Die Zwischensumme der Anlagekosten des Rohrstrangs wurde pauschal um 10% für außergewöhnliche Anlagen, Unterfahrungen von Eisenbahnen und Straßen, Düker usw. erhöht.
7. Der kathodische Schutz des Rohrstrangs erfordert etwa 3% der Zwischensumme.
8. Zu den eigentlichen Baukosten sind noch Zuschläge von 6% für Planung, Bauleitung und Verwaltung sowie von 4% für Bauzinsen hinzugefügt.
9. Die Summe der Einzelpreise ergibt einen größenordnungsmäßigen Anhalt für die gesamten Anlagekosten unter mittleren Verhältnissen.

Tabelle 15. *Ermittlung der Anlagekosten des Rohrstrangs (Preisstand 1958)*

Nr.	Nenndurchmesser D (mm) (Außendurchmesser da)	150 (159)		200 (216)		250 (267)			300 (318)			350 (368)		
	Wanddicke s (mm)	4,0	5,0	5,0	6,0	5,5	6,5	7,5	6,0	7,0	8,0	6,5	7,5	8,5
	Gewicht (kg/m) = (t/km)	15,3	18,9	26,0	31,0	35,5	41,8	48,0	46,1	53,6	61,2	58,0	66,7	75,4
	Zul. Betriebsdruck (kp/cm²)	78	98	72	86	64	76	87	60	69	78	55	63	72
Nr.	Kostengruppen	Kosten in DM/m oder 1000 DM/km												
1	Grunddienstbarkeit . .	3,0	3,0	3,0	3,0	3,0	3,0	3,0	3,0	3,0	3,0	3,0	3,0	3,0
2	Rohre einschl. Frachtk.	15,3	18,9	26,0	31,0	35,5	41,8	48,0	46,1	53,6	61,2	58,0	66,7	75,4
2a	Formstücke, Entlüftg. usw.	1,6	1,9	2,6	3,1	3,6	4,2	4,8	4,6	5,4	6,1	5,8	6,7	7,5
3	Verteilung u. Verlegung d. Rohre einschl. Schw.	2,8	3,4	4,7	5,6	6,4	7,5	8,7	8,3	9,7	11,0	10,5	12,0	13,6
4	Tiefbauarbeiten einschl. Isolierung	28,0	28,0	30,0	30,0	32,5	32,5	32,5	36,3	36,3	36,3	38,8	38,8	38,8
5	Fernmeldeleitung	5,0	5,0	5,0	5,0	5,0	5,0	5,0	5,0	5,0	5,0	5,0	5,0	5,0
	Zwischensumme	55,7	60,2	71,3	77,7	86,0	94,0	102,0	103,3	113,0	122,6	121,1	132,2	143,3
6	Zuschlag 10% für außergew. Anlag., Düker usw.	5,6	6,0	7,1	7,8	8,6	9,4	10,2	10,3	11,3	12,3	12,1	13,2	14,3
7	Kathod. Schutz 3%	1,7	1,8	2,1	2,3	2,6	2,8	3,1	3,1	3,4	3,7	3,6	4,0	4,3
	Baukosten	63,0	68,0	80,5	87,8	97,2	106,2	115,3	116,7	127,7	138,6	136,8	149,4	161,9
8	6% für Planung, Bauleitung, Verwaltung 4% für Bauzinsen	6,3	6,8	8,0	8,8	9,8	10,6	11,5	11,7	12,8	13,9	13,7	14,9	16,2
9	Ges. Anlagekosten . . .	69,3	74,8	88,5	96,6	107,0	116,8	126,8	128,4	140,5	152,5	150,5	164,3	178,1

Nr.	Nenndurchmesser D (mm) (Außendurchmesser da)	400 (419)			500 (521)			600 (622)			700 (725)		
	Wanddicke s (mm)	7,0	8,0	9,0	8,0	9,5	11,0	9,0	10,5	12,0	10,0	12,0	14,0
	Gewicht (kg/m) = (t/km)	71,1	81,1	91,0	101	120	138	136	158	181	176	211	245
	Zul. Betriebsdruck (kp/cm²)	52	59	67	53	63	73	50	58	67	48	58	67
Nr.	Kostengruppen	Kosten in DM/m oder 1000 DM/km											
1	Grunddienstbarkeit . .	3,0	3,0	3,0	4	4	4	5	5	5	6	6	6
2	Rohre einschl. Frachtk.	71,1	81,1	91,0	111	132	152	150	174	199	194	232	270
2a	Formstücke, Entlüftg. usw.	7,1	8,1	9,1	11	13	15	15	17	20	19	23	27
3	Verteilung u. Verlegung d. Rohre einschl. Schw.	12,8	14,6	16,4	20	24	27	27	31	36	35	42	49
4	Tiefbauarbeiten einschl. Isolierung	42,5	42,5	42,5	50	50	50	58	58	58	67	67	67
5	Fernmeldeleitung	5,0	5,0	5,0	5	5	5	5	5	5	5	5	5
	Zwischensumme	141,5	154,3	167,0	201	228	253	260	290	323	326	375	424
6	Zuschlag 10% für außergew. Anlag., Düker usw.	14,2	15,4	16,7	20	23	25	26	29	32	33	38	42
7	Kathod. Schutz 3%	4,3	4,6	5,0	6	7	8	8	9	10	10	11	13
	Baukosten	160,0	174,3	188,7	227	258	286	294	328	365	369	424	479
8	6% für Planung, Bauleitung, Verwaltung 4% für Bauzinsen	16,0	17,4	18,9	23	26	29	29	32	37	37	42	48
9	Ges. Anlagekosten . . .	176,0	191,7	206,6	250	284	315	323	360	402	406	466	527

In der Abb. 14 sind die Ergebnisse der Berechnungen der Tab. 15 in Abhängigkeit von den Betriebsdrücken der Rohrleitung graphisch dargestellt. Der Einfluß der vorgeschriebenen Mindestwandstärken der Rohre bewirkt, daß die Anlagekosten des Rohrstrangs bei den niedrigeren Betriebsdrücken gleichbleiben.

3.3.2. Anlagekosten der Pumpwerke

Als Grundlage für die Ermittlung der Anlagekosten der Pumpwerke sind in der Tab. 16 die Kosten der Antriebssätze in Abhängigkeit von der Nennleistung des Antriebsmotors zusammengestellt.

Mit diesen Grundwerten wurden dann in der Tab. 17 die Anlagekosten der Pumpwerke in Abhängigkeit von der Nennleistung der Pumpen ermittelt.

Im einzelnen sind in der Tab. 17 berücksichtigt:

1. Ein Betrag für den Grunderwerb.
2. Die Preise für 2 Antriebssätze und 1 Reservesatz (aus Tab. 16).
3. Die Preise für Hilfspumpen, Formstücke, Schieber, Armaturen und Rohrverbindungen in Höhe von 15% der Preise für die Antriebs- und Reservesätze.
4. Die Preise für die Transformatoren und die elektrische Stromversorgung bzw. den Dieselölvorratstank.
5. Ein Aufenthaltsgebäude für das Personal des Pumpwerks und der Rohrunterhaltung.
6. Für Montagearbeiten sowie sonstige und unvorhergesehene Ausgaben wurde ein Betrag in Höhe von 10% der Summe 1. bis 5. angesetzt.
7. Zu der Zwischensumme 1. bis 6. wurden wie beim Rohrstrang 6% für Planung, Bauleitung und Verwaltung sowie 4% für Bauzinsen hinzugefügt.
8. Die gesamten Anlagekosten eines Pumpwerks unter mittleren Verhältnissen sind in DM angegeben und in DM/PS umgerechnet.

Man erkennt aus der Tab. 17, daß die spezifischen Anlagekosten der Pumpwerke mit wachsender Größe sinken. Aus dem Vergleich des elektrischen und des Diesel-Antriebs geht ferner hervor, daß nur im unteren Leistungsbereich die Anlagekosten für Pumpwerke mit Elektro- oder

Tabelle 16. *Kosten der Antriebssätze (Preisstand 1958)*

Nr.	Antriebsart		a) Elektromotor											b) Dieselmotor		
	Nennleistung	Motor (kW) (PS)	145 197	180 245	230 310	260 350	280 380	330 450	430 580	520 710	660 900	850 1160	1050 1430	210	310	440
		Pumpe (indiz.) (PS)	175	215	270	300	330	390	500	610	780	1000	1240	175	270	390
		Transformator (kVA)	180	225	290	325	350	410	540	650	830	1060	1310	–	–	–
Nr.	Kostengruppen		Preise in 1000 DM											Preise in 1000 DM		
1.	Motor		23,8	26,6	30,2	31,8	33,6	35,2	40,2	44,7	50,2	57,2	64,2	19,3	27,0	36,3
2.	Zubehör (und Getriebe bei b.)		2,4	2,7	3,0	3,2	3,4	3,5	4,0	4,5	5,0	5,7	6,4	5,7	7,5	9,7
3.	Pumpe kompl.		9,0	10,0	11,0	11,5	12,0	13,0	14,0	16,0	18,0	20,0	22,0	9,0	11,0	13,0
4.	Fundamentrahmen, Fundament u. Sonstiges		7,0	7,7	9,0	9,5	10,0	11,0	12,0	13,0	15,0	17,0	19,0	7,0	9,0	11,0
5.	Transportkosten		0,8	1,0	1,3	1,5	2,0	2,3	2,8	3,3	3,8	4,1	4,4	1,0	1,5	2,5
6.	Preis eines Antriebssatzes	1000 DM	43,0	48,0	54,5	57,5	61,0	65,0	73,0	81,5	92,0	104,0	116,0	42,0	56,0	72,5
		DM/PS	246	223	202	191	185	167	146	134	118	104	94	240	208	186

Tabelle 17. *Anlagekosten der Pumpwerke (Preisstand 1958)*

Nr.	Antriebsart	a) Elektromotor													b) Dieselmotor					
	Nennleistung: Pumpwerk insgesamt (PS)	175	350	350	430	540	600	660	780	1000	1220	1560	2000	2500	175	350	350	540	780	1170
	Nennleistung: Antriebssätze (PS)	1·175	2·175	3·175	3·215	3·270	3·300	3·330	3·390	3·500	3·610	3·780	3·1000	3·1240	1·175	2·175	3·175	3·270	3·390	4·390
	Nennleistung: Transformatoren (kVA)	1·200	2·200	3·200	3·250	3·315	3·400	3·400	3·400	3·630	3·630	3·800	3·1250	3·1250	—	—	—	—	—	—
Nr.	Kostengruppen	Kosten in 1000 DM													Kosten in 1000 DM					
1.	Grunderwerb	6	8	10	10	10	10	10	10	10	10	10	10	10	6	8	10	10	10	10
2.	Betriebs-Antriebssätze (s. Tab. 16)	43	86	86	96	109	115	122	130	146	163	184	208	232	42	84	84	112	144	216
	Reserve-Antriebssatz	—	—	43	48	55	58	61	65	73	82	92	104	116	—	—	42	56	72	72
3.	Hilfspumpen, Rohrverbindungen usw.	7	14	20	22	25	26	27	29	33	37	42	47	55	7	14	20	25	29	43
4.	a) Trafo und elektr. Anschluß	6	12	17	20	24	30	30	30	39	39	48	66	66	—	—	—	—	—	—
	b) Vorratstank für Dieselöl	—	—	—	—	—	—	—	—	—	—	—	—	—	6	8	10	14	18	24
5.	Gebäude	20	25	30	30	30	30	30	30	35	40	45	50	55	15	20	25	25	25	31
6.	Montage und Sonstiges	8	14	21	23	25	27	29	30	34	38	43	51	57	8	14	25	25	30	40
	Zwischensumme	90	159	227	249	278	296	309	324	370	409	464	536	591	84	148	216	267	328	436
7.	6% für Planung, Bauleitung, Verwtg. 4% Bauzinsen	9	16	23	25	28	29	31	32	37	41	46	54	59	8	15	22	27	32	44
8.	Anlagek. eines Pumpwerks 1000 DM	99	175	250	274	306	325	340	356	407	450	510	590	650	92	163	238	294	360	480
	DM/PS	565	500	715	638	568	541	515	457	407	368	327	295	260	525	465	680	545	460	410

Tabelle 18. *Personalbedarf von Ölfernleitungen*

Ölleitung (Land)	Länge (km)	Zahl der Pumpwerke n	Personalbedarf: Betriebsleitung	Personalbedarf: Pumpwerke	Personalbedarf: Unterhaltung	Personalbedarf: Hilfspersonal	Personalbedarf: Gesamtzahl K	Spezif. Personalbedarf: K/n Pers/Pw.	Spezif. Personalbedarf: K/L Pers/km	Quelle
Big Inch (USA)	2 190	25					250	10,0	0,114	A. FECK [*38*]
ICC-Statistik (USA)	229 600		2 877	10 969	4 521	2 653	21 010		0,092	ICC-Transport-Stat. 1956, Part. 6
TRAPIL (Frankreich)	240	7	10	50	30	—	90	12,8	0,375	Angaben der TRAPIL
Planzahlen nach GRÜNEWALD (Rumänien)	60	1	9	9	5	3	26	26,0	0,434	H. GRÜNEWALD [*3*]
	120	2	9	18	10	6	43	21,5	0,358	
	180	3	9	27	15	9	60	20,0	0,333	
	240	4	9	36	20	12	77	19,2	0,321	
	300	5	9	45	25	15	94	18,8	0,313	

Diesel-Motoren ungefähr gleich sind, während bei Pumpwerksleistungen über 800 PS der elektrische Antrieb hinsichtlich der Anlagekosten erheblich billiger wird.

3.3.3. Personalbedarf

Zum Betrieb einer Ölleitung wird Personal im wesentlichen auf den Pumpwerken, zur Überwachung der Leitung und für kleine Unterhaltungsarbeiten benötigt. Es ist üblich, größere Unterhaltungsarbeiten an fremde Firmen zu vergeben. Die Tab. 18 gibt einen Überblick über den Personalbedarf von Ölfernleitungen.

Unter Verwendung dieser durchschnittlichen Erfahrungswerte wird für die folgenden Berechnungen angenommen, daß bei voller Beschäftigung die Pumpwerke durchgehend mit 2 Angestellten (Leiter und Pumpenwärter) sowie außerdem in 2 Schichten mit einer Hilfskraft besetzt sind. Da bei durchgehendem Betrieb für jeden Dienstposten 4 Angestellte erforderlich sind, benötigt man für n Pumpwerke

$2 \cdot 4 \cdot n = 8 \cdot n$ Angestellte und $2 \cdot n$ Arbeiter.

Für die Überwachung der Leitung wird 1 Arbeiter auf 25 km Leitungslänge in Rechnung gestellt.

Für die Betriebsleitung, die von der Kopfstation aus erfolgen soll, wird Personal in Höhe von etwa 10% der Beschäftigten, mindestens aber ständig 1 Angestellter benötigt.

Der gesamte Personalbedarf ergibt sich dann aus dem Betriebspersonal und einem erfahrungsgemäßen Zuschlag von 13% für Urlauber und Kranke.

3.3.4. Energieverbrauch

Um den Energieverbrauch für den Betrieb von Ölfernleitungen in vergleichbare Verbindung mit dem Energieverbrauch von Straßen- und Schienenverkehrsmitteln zu bringen, wird von folgender Grundgleichung nach H. Kother [*8, 45*] ausgegangen:

$$\Delta e = \Sigma w \cdot \frac{1000}{427 \cdot \eta_{Ges} \cdot h_w} = \Sigma w \cdot k_e.$$

Darin bedeuten:

Δe = spezifischer Aufwand an Energieeinheiten (EE/tkm),
Σw = gesamter spezifischer Fahrwiderstand (kp/t),
η_{Ges} = Gesamt-Wirkungsgrad des Transportsystems,
h_w = Heizwert der für den Antrieb benutzten Energie-Einheit (kcal/EE),
k_e = Energie-Kennziffer (EE/kmkg).

Der Anwendungsbereich dieser Gleichung soll hier auf Ölleitungen ausgedehnt werden, um den Energieverbrauch des Ölleitungstransports überschläglich ermitteln zu können, und um den energiewirtschaftlichen Vergleich mit anderen Verkehrsmitteln zu erleichtern. Zu den einzelnen Faktoren der Grundgleichung ist zu bemerken:

1. Die spezifischen Bewegungswiderstände (der Druckabfall) Σw sind für Ölproduktenleitungen in Abhängigkeit vom Rohrdurchmesser und von der Fördergeschwindigkeit auf den Abbildungen 13a bis c dargestellt. Sie liegen im Bereich von 0,5 bis 50‰ für Benzin und von 0,6 bis 70‰ für leichtes Heizöl. Außerdem ist gegebenenfalls der durch die Höhenunterschiede der Pumpwerke bedingte Steigungswiderstand zu berücksichtigen.
2. In der folgenden Übersicht sind die Wirkungsgrade der Kreiselpumpen und der Motoren, angenommen jeweils zu 95% des besten Wirkungsgrades, sowie der daraus berechnete Gesamtwirkungsgrad des Fördersystems Rohrleitung zusammengestellt:

	Wirkungsgrad η			
Antriebsart	(Pumpe)	(Motor)	(Trafo)	Gesamt
Elektromotor	0,80	0,92	0,95	0,70
Dieselmotor	0,80	0,35	—	0,28

3. Der Heizwert beträgt
für elektrischen Strom = 0,86 kcal/Wh,
für Dieselöl = 10,0 kcal/g.

Damit ergibt sich als Energiekennziffer der Ölfernleitungen bei Antrieb durch Elektromotor

$$k_e = \frac{1000}{427 \cdot 0{,}70 \cdot 0{,}86} = 4{,}10 \text{ (Wh/kmkg)},$$

bei Antrieb durch Dieselmotor

$$k_e = \frac{1000}{427 \cdot 0{,}28 \cdot 10{,}0} = 0{,}84 \text{ (g Öl/kmkg)}.$$

Setzt man diese Energiekennziffern in die Grundgleichung von H. KOTHER ein, so erhält man als spezifischen Energieverbrauch von Ölfernleitungen:

$$\Delta e = 4{,}10 \cdot \Sigma w \text{ (Wh/tkm) bzw.}$$
$$\Delta e = 0{,}84 \cdot \Sigma w \text{ (g Öl/tkm)}.$$

Nebenbei ergibt sich aus diesen beiden Gleichungen, daß z. B. bei einem Strompreis von 6 Dpf/kWh die Energie für den elektrischen Antrieb der Ölleitungen dann billiger als die für den Antrieb mit Dieselmotor wird, wenn der Kraftstoff 30 Dpf/kg und mehr kostet. Unter deutschen Verhältnissen ist also der elektrische Antrieb der Ölfernleitungen hinsichtlich der Energiekosten in der Regel billiger, solange die Kraftstoffe mit Mineralölabgaben im derzeitigen Umfang belastet sind.

3.4. Berechnung der objektiven Selbstkosten

Die Betriebs- und Selbstkosten der Ölfernleitungen sind unter deutschen Verhältnissen erstmals von H. GRÜNEWALD [*3*] untersucht worden. Auf Ergebnissen dieser Abhandlung aufbauend, wurden unter Berücksichtigung der technischen Fortschritte und der Geldwertänderungen die objektiven Selbstkosten von Ölproduktenleitungen berechnet, wobei auch die Abhängigkeit der Kosten vom Beschäftigungsgrad erfaßt wurde.

In der Tab. 19 ist das Schema der Kostenberechnung der Ölbeförderung durch Rohrleitungen wiedergegeben. Dabei sind die Selbstkosten, um sie mit denen der anderen Verkehrsmittel vergleichsfähig zu machen, in die Kosten der Leistungsgebiete Beförderung sowie Umschlag und Abfertigung aufgeteilt. Außerdem wurden feste und veränderliche Kosten unterschieden, um die Selbstkosten in Abhängigkeit vom Beschäftigungsgrad berechnen zu können. Aus der Tab. 19 ist im einzelnen zu ersehen, welche Daten als technische Grundlagen erforderlich sind und wie die Kostenartengruppen eingeordnet wurden.

Da die Kapitalkosten die Selbstkosten der Ölfernleitungen erheblich beeinflussen, wurden mehrere Rechnungen mit unterschiedlichen Zins- und Abschreibungssätzen durchgeführt. Für die Zinssätze wurden — entsprechend den Werten des schweizerischen und des deutschen Kapitalmarktes — ein unterer Wert von 3% und ein oberer Wert von 6% in Rechnung gestellt.

Die Abschreibung hängt von der voraussichtlichen Nutzungsdauer des Anlagegegenstandes ab. Dabei sind nicht nur die technischen, sondern auch die wirtschaftlichen Einflüsse zu berücksichtigen. Während in technischer Hinsicht bei Ölfernleitungen eine Lebensdauer von mehreren Jahrzehnten erreichbar erscheint, wird die wirtschaftliche Nutzungsdauer wegen der Zunahme des Ölverbrauchs und wegen des Strukturwandels auf dem Energiemarkt kürzer anzusetzen sein. R. CHARRETON [*36*] ist bei seinen Untersuchungen des Ölleitungstransports von Nutzungszeiten von 20, 12 und 6 Jahren ausgegangen, wobei der letzte Wert in der Praxis nur ausnahmsweise berechtigt sein wird. Nach vorsichtiger Abwägung der wirtschaftlichen Aussichten wurden den folgenden Berechnungen Nutzungszeiten von 20 und 10 Jahren zugrunde gelegt.

Zur Vereinfachung der Rechnungen wurden jährlich gleichbleibende Ansätze für die Kapitalkosten eingeführt, wobei die Annuitätenfaktoren nach dem genauen Verfahren auf Grund der Rentenrechnung ermittelt sind [40].

Tabelle 19. *Schema der Kostenberechnung der Ölbeförderung durch Rohrleitungen*

1. Technische Grundlagen			
Spezif. Gewicht des Fördergutes	=	t/m³	
Leitungslänge	L =	km	
Rohrdurchmesser	d =	m	
Zahl der Pumpwerke	n =		
Fördergeschwindigkeit	w =	m/s	
Fördermenge/Tag	Q_T =	m³/Tag bzw.	t/Tag
Beschäftigungsgrad	b =	%	
Fördermenge/Jahr	$Q_J = 365 \cdot b \cdot Q_T$ =	m³/J bzw.	t/J
Energieverbrauch	Δe =	Wh/tkm	

2. Jahreskosten	DM/Jahr		
	Beschäftigungsgrad		
2.1. Kapitalkosten (fest)	50%	70%	90%
Kalkul. Zinsen			
Kalkul. Abschreibung			
Summe 2.1.			
2.2. Feste Betriebskosten			
Personal			
Unterhaltung (Rohr)			
Versicherungen, Verwaltungs- und Gemeinkosten			
Summe 2.2.			
2.3. Veränderliche Betriebskosten			
Personal			
Unterhaltung (Pumpwerke)			
Energie			
Verwaltungs- und Gemeinkosten			
Summe 2.3.			
2.4. Umschlags- und Abfertigungskosten (veränderlich)			
Summe der Selbstkosten			
3. Ergebnis			
Spezifische Kosten (Vollkosten) DM/t Dpf/tkm			

Die Berechnungen wurden für Ölproduktenleitungen

mit 15 bis 40 cm Rohrdurchmesser und
mit 50 bis 800 km Leitungslänge

durchgeführt. Weiter wurden drei Fälle hinsichtlich der Kapitalkosten angenommen:

a) Zinssatz 6%, Nutzungsdauer 10 Jahre;
b) Zinssatz 6%, Nutzungsdauer 20 Jahre;
c) Zinssatz 3%, Nutzungsdauer 20 Jahre.

Als Ergebnisse sind auf den Abb. 15a und b die objektiven Selbstkosten von Ölproduktenleitungen in Abhängigkeit von der Beförderungsmenge Q (t/Jahr) für eine Leitungslänge $L = 200$ km aufgetragen. Aus Gründen der Übersichtlichkeit mußten die Kosten für Rohrdurchmesser von 15, 25 und 35 cm sowie von 20, 30 und 40 cm getrennt dargestellt werden. Besonders auffallend ist auf den Abb. 15a und b der steile Anstieg der Kosten bei Beförderungsmengen unter 1,5 bis 2 Mio t/Jahr. Die Sprünge in den Kostenkurven entstehen jeweils dann, wenn die Zahl der Pumpwerke aus hydraulischen Gründen vermehrt werden muß.

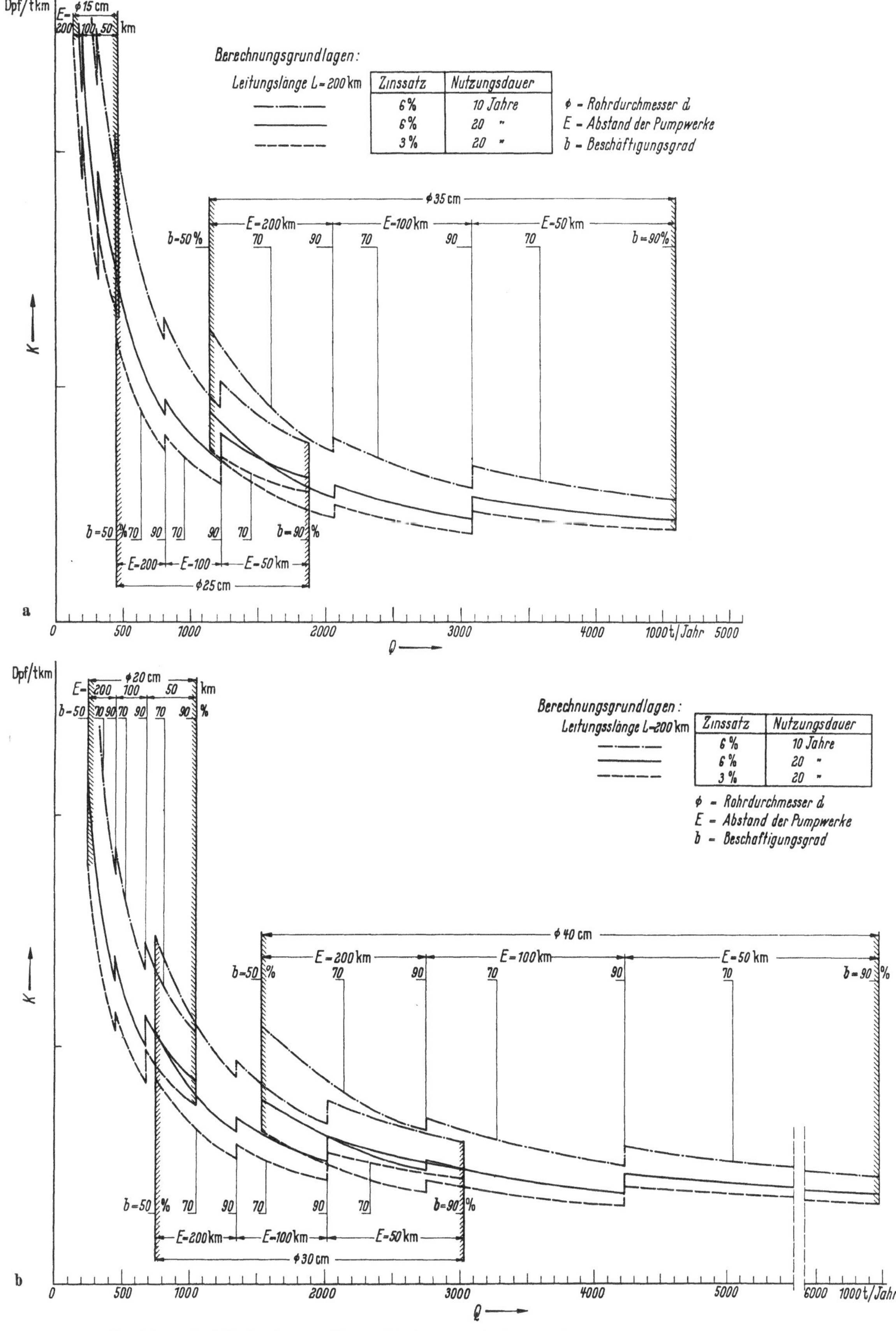

Abb. 15. a u. b. Selbstkosten von Ölproduktenleitungen in Abhängigkeit von der Beförderungsmenge Q
a Rohrdurchmesser 15,25 und 35 cm b Rohrdurchmesser 20,30 und 40 cm

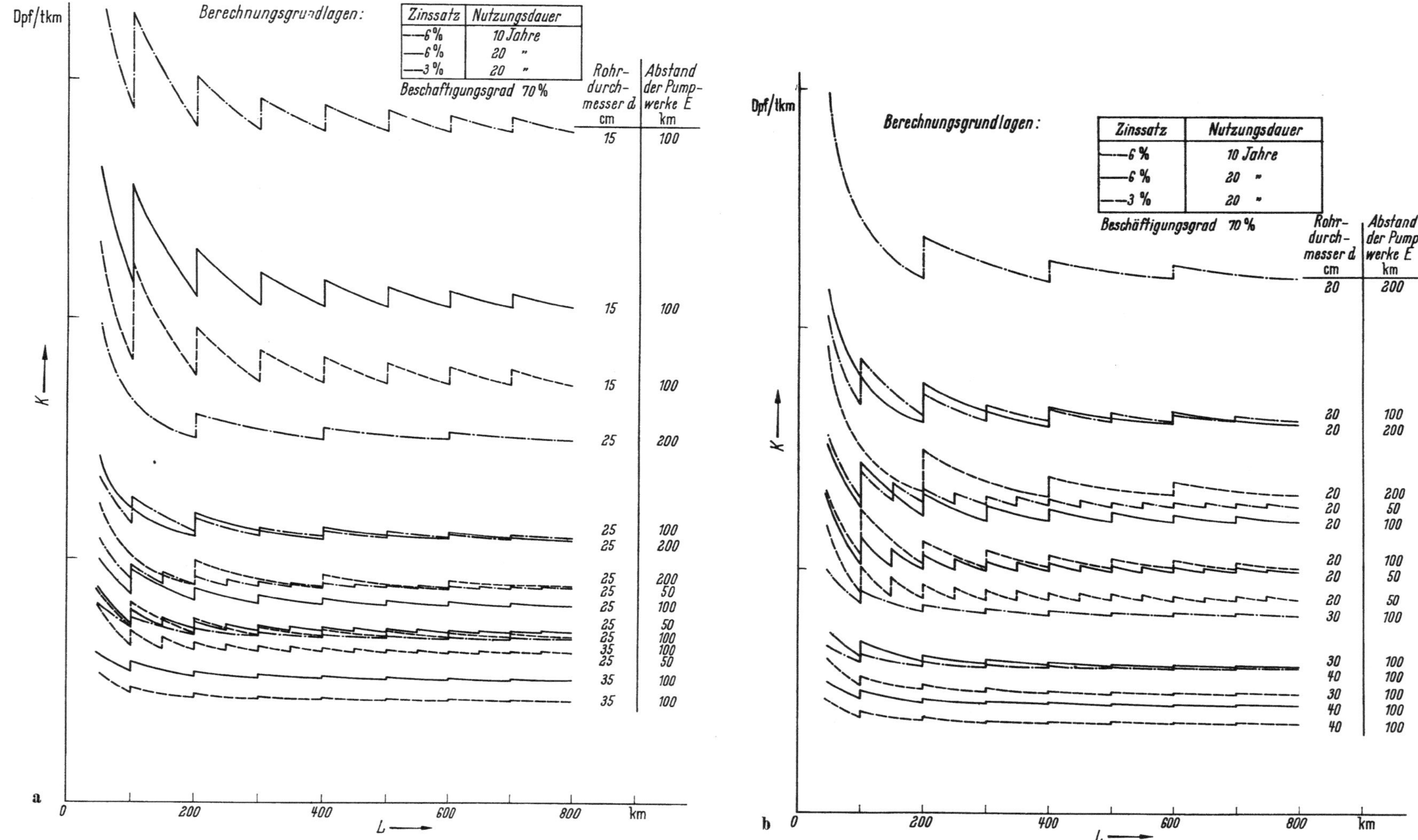

Abb. 16. a u. b. Selbstkosten von Ölproduktenleitungen in Abhängigkeit von der Beförderungsweite L a Rohrdurchmesser 15,25 und 35 cm b Rohrdurchmesser 20,30 und 40 cm

Auf den Abb. 16a und b sind die objektiven Selbstkosten in Abhängigkeit von der Beförderungsweite L (km) für einen Beschäftigungsgrad von 70% dargestellt, ebenfalls getrennt für Rohrdurchmesser von 15, 25 und 35 cm sowie von 20, 30 und 40 cm. Aus den Abb. 16a und b geht hervor, daß die Beförderungsweite nur bei Leitungslängen unter 100 km die spezifischen Selbstkosten erheblich beeinflußt.

4. Mineralölbeförderung mit Binnenschiffen

4.1. Betriebsabwicklung

Die verkehrsgeographisch günstige Lage des Rheinstromes im Bundesgebiet hat dazu beigetragen, daß seit dem Jahr 1951 die Beförderung von Mineralölen mit Binnenschiffen überdurchschnittlich zugenommen hat. Das Bestreben, die Binnenflotte durch den Neubau von Motorschiffen an Stelle von Schleppkähnen zu modernisieren, zeigt sich bei den Tankschiffen besonders deutlich. So betrug in der Bundesrepublik im Jahr 1959 die Tragfähigkeit der selbstfahrenden Tankschiffe 291 000 t und damit 75% der Tragfähigkeit der Binnentankflotte.

Um dem Vergleich mit den anderen Massenverkehrsmitteln neuzeitliche Betriebsmittel zugrunde zu legen, befassen sich die folgenden Ausführungen und Berechnungen im wesentlichen mit selbstfahrenden Tankschiffen vom Typ „Gustav Koenigs“ und „Johann Welker“. Diese Motortankschiffe haben mit 950 t und 1350 t Tragfähigkeit bei 2,5 m Tauchtiefe eine hohe Leistungsfähigkeit. Sie können auf dem schiffbaren Rhein und einem großen Teil der deutschen Kanäle eingesetzt werden.

Die Umlaufzeiten der Binnenschiffe werden durch die Streckenlänge, die Fahrgeschwindigkeit und die Aufenthaltszeiten bestimmt.

Die Fahrgeschwindigkeit auf den Flüssen hängt bei der Bergfahrt von den Fahrwasserverhältnissen, insbesondere von der Strömungsgeschwindigkeit, ab und wird letztlich durch die Leistungsfähigkeit der Antriebsmaschine begrenzt. Bei der Talfahrt muß die Geschwindigkeit schon im Hinblick auf die Steuerungsfähigkeit des Schiffs höher als die Strömungsgeschwindigkeit des Flusses sein. Die Fahrgeschwindigkeit auf den älteren Kanälen wird im allgemeinen mit Rücksicht auf die Unterhaltung der Uferbefestigung auf 7 bis 9 km/h begrenzt, jedoch sind auf kanalisierten Flüssen, insbesondere bei der Talfahrt, und auf den neueren Kanälen mit größerem Querschnitt auch höhere Geschwindigkeiten zulässig.

Als Aufenthaltszeiten sind neben den verkehrlich bedingten Liegezeiten im Hafen für Laden oder Löschen die betrieblich bedingten Ausfallzeiten für Nachtruhe sowie Wartezeiten aus verschiedenen Gründen zu nennen. Dazu ist im einzelnen zu bemerken:

1. Als Hafenliegezeiten für Laden oder Löschen genügen bei Annahme einer Pumpenleistung von 80 bis 110 t/h etwa 10 Stunden, da die leichtflüssigen Mineralöle besonders einfach und schnell umgeschlagen werden können.
2. Die nächtliche Betriebspause beeinflußt die Kosten der Binnenschiffahrt erheblich. Wenn auch zur Zeit versuchsweise Nachtfahrten durchgeführt werden, so gehen doch in Anbetracht der Schwierigkeiten einer Nachtschiffahrt in großem Umfang die Berechnungen von den derzeitigen Verhältnissen aus. Es wurden täglich 12 bis 14 Betriebsstunden in Rechnung gestellt.
3. Die vorgeschriebene Sonntagsruhe sowie besondere Wartezeiten, z. B. auf Ladung, wurden hier nicht zur Umlaufzeit gerechnet, sondern über den Beschäftigungsgrad erfaßt. Dabei wurde vorausgesetzt, daß bei Vollbeschäftigung die Schiffe auch sonntags verkehren.
4. Weitere Aufenthalte entstehen für die Schiffahrt auf den Kanälen und kanalisierten Flüssen durch die Schleusungen, die mit Ein- und Ausfahrt einen Zeitverlust von durchschnittlich 30 Minuten gegenüber der Fahrt auf freier Strecke verursachen.

Damit sind die wesentlichen Grundlagen für die Berechnung der Mindestumlaufzeiten der Tankschiffe dargestellt. Wegen der unterschiedlichen Fahrwasserverhältnisse und Geschwindigkeiten können die Betriebspläne nicht, wie es bei den Landverkehrsmitteln möglich ist, allgemein in Abhängigkeit von der Entfernung angegeben werden, sondern müssen für die verschiedenen Verkehrsbeziehungen gesondert aufgestellt werden.

Schließlich ist beim Binnenschiffsbetrieb noch auf die Einflüsse der Witterung hinzuweisen, denen die anderen Verkehrsmittel nicht in so starkem Maß unterworfen sind. In Anbetracht der Ausfalltage infolge Frost, Hoch- und Niedrigwasser (auf dem Rhein im Mittel 20 Tage/Jahr) wurde die Zahl der Betriebstage in Abhängigkeit vom Beschäftigungsgrad der Tankschiffe etwas niedriger als bei den anderen Mineralöltransportmitteln angesetzt, wobei näherungsweise eine gleichmäßige Verteilung der Ausfalltage über das Jahr angenommen wurde.

4.2. Fahrdynamische Untersuchung

Die Aufgabe der Fahrdynamik besteht in diesem Zusammenhang darin, den Schiffswiderstand zu untersuchen und sodann in Abhängigkeit von den streckenabschnittsweise wechselnden Fahrwasserverhältnissen die Fahrzeit und den Brennstoffbedarf der Motortankschiffe auf technisch-physikalischer Grundlage zu ermitteln.

Zur Berechnung des Schiffswiderstands in begrenztem Fahrwasser, wie es bei Binnenwasserstraßen in der Regel anzunehmen ist, wurde auf die Ergebnisse der Modellversuche von GEBERS zurückgegriffen (O. STRECK [*25*] S. 385 f; W. MÜLLER [*14*] S. 401). Folgende Erfahrungsformeln für den Fahrwiderstand haben sich bewährt:

1. Wenn die Wassertiefe unter dem Schiffsboden $\geqq$ 1,0 m ist, gilt
$$W_r = (k \cdot f_k + \zeta \cdot 0)\, v_{re}^{2{,}25} \text{ (kp)}.$$
2. Wenn die Wassertiefe unter dem Schiffsboden $<$ 1,0 m ist, gilt
$$W_r = (k \cdot f_k + \zeta_s \cdot 0_s + \zeta_B \cdot O_B)\, v_{re}^{2{,}25} \text{ (kp)}.$$

Darin bedeuten für ein Schiff mit der Länge l, der Breite b und dem Tiefgang t (m):

W_r = Fahrwiderstand des Schiffs (kp),
k = Beiwert des Formwiderstands = 3,5 für stumpfe Kähne,
f_k = Hauptspantenfläche des Kanalschiffs = $0{,}98 \cdot b \cdot t$,
ζ = Beiwert der Reibung und Wirbelbildung = 0,14 für eiserne Schiffe mit gutem Anstrich,
ζ_s = Beiwert für die Seitenwände = 0,14,
ζ_B = Beiwert für den Boden, abhängig von der Wassertiefe unter dem Schiffsboden:

Wassertiefe (m)	1,00	0,75	0,50	0,25
Beiwert ζ_B	0,14	0,185	0,258	0,35

O = benetzte Schiffsoberfläche = $0{,}85 \cdot l \cdot (b + 2\,t)$ (m^2),
O_B = benetzte Oberfläche des Bodens für stumpfe Schiffe,
O_s = benetzte Oberfläche der Seiten = $O - O_B$,
v_{re} = Relativgeschwindigkeit des Schiffs gegen das umgebende Wasser,
v_k = Fahrgeschwindigkeit des Schiffs gegen das Ufer,
v_r = Rückströmgeschwindigkeit,
v_w = Geschwindigkeit der Strömung (bei Fahrt stromauf +, stromab —),
v_{re} = $v_k + v_r \pm v_w$ (m/s).

Diese Formeln sind für die Schiffstypen G. Koenigs und J. Welker ausgewertet worden. Als Ergebnis ist auf der Abb. 17 der Schiffswiderstand dieser Motortankschiffe graphisch dargestellt.

Ergänzend dazu ist auf Flüssen neben dem Fahrwiderstand W_r noch die Schwerkraftkomponente (der Steigungswiderstand) W_s zu berücksichtigen:
$$W_s = G \cdot \sin\alpha \approx G \cdot s \text{ (kp)}.$$
Darin bedeuten:

G = Gewicht des Schiffs und der Ladung (t),
s = Mittlere Neigung des Wasserspiegels ($^0/_{00}$).

Ist der Schiffswiderstand ermittelt, so kann der Leistungsbedarf für den Antriebsmotor aus folgender Beziehung berechnet werden:
$$N = \frac{(W_r \pm W_s) \cdot v_{re}}{75 \cdot \eta} \text{ (PS)}.$$

Dabei ist η der Kraftleitungswirkungsgrad, der den Wirkungsgrad der Kraftübertragung vom Motor bis zur Schiffsschraube $\eta_ü$ und den eigentlichen Schraubenwirkungsgrad η_s berücksichtigt. Während $\eta_ü$ mit 0,94 bis 0,97 ziemlich sicher angegeben werden kann, schwankt η_s in Abhängigkeit von der Form der Schraube und des Fahrwasserbetts, von der Drehzahl und von der Relativgeschwindigkeit v_{re} in weiten Grenzen von 0,20 bis etwa 0,65 ([*15*] S. 39 und Jahrbuch der Schiffsbautechnischen Gesellschaft, Berlin 1954, S. 244).

Auf der Abb. 18 ist der Leistungsbedarf der Motortankschiffe in Abhängigkeit von der Relativgeschwindigkeit des Schiffs dargestellt, wobei mit einem durchschnittlichen Wirkungsgrad $\eta = 0{,}50$ gerechnet wurde. Der Steigungswiderstand, der bei hoher Relativgeschwindigkeit vielfach geringfügig ist, wurde dabei nicht berücksichtigt; er muß erforderlichenfalls hinzugesetzt werden.

Trotz der angedeuteten Schwierigkeiten, die eine genaue fahrdynamische Untersuchung der Schiffsbewegung im fließenden natürlichen Gewässer aufwirft, und die bisher erst teilweise gelöst sind, gestaltet sich die Fahrzeitermittlung insofern einfach, als man wegen der langsamen Fortbewegung eine gleichmäßige Geschwindigkeit annehmen und von Zuschlägen für Anfahren und Bremsen absehen kann.

Der Kraftstoffverbrauch, der von den verschiedensten Einflüssen abhängt und der rechnerisch kaum genau zu erfassen ist, hat im Rahmen der Kostenrechnung der Binnenschiffahrt mit ihrem hohen Anteil fester Kosten nur untergeordnete Bedeutung. Es war daher notwendig und zulässig, den Kraftstoffverbrauch der Motortankschiffe nach einem vereinfachten Verfahren zu ermitteln.

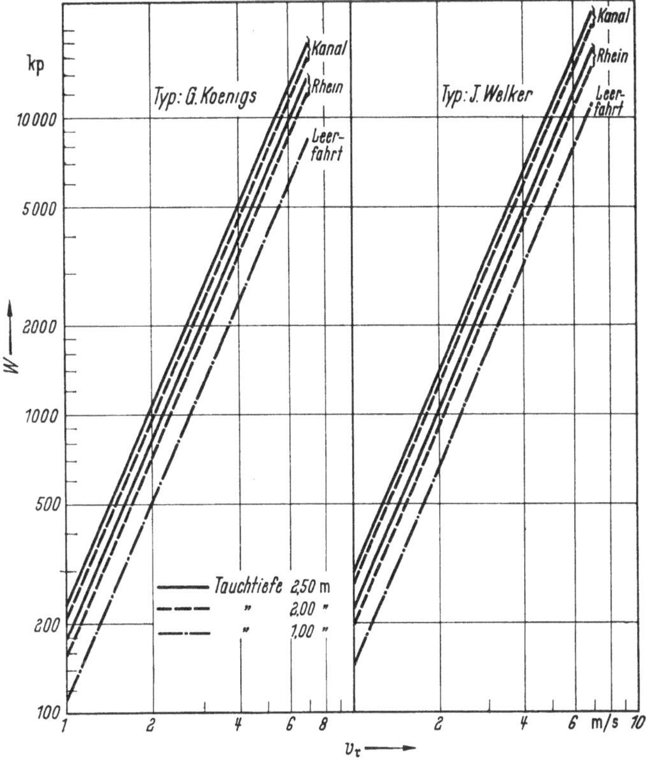

Abb. 17. Schiffswiderstand der Motortankschiffe (nach GEBERS)

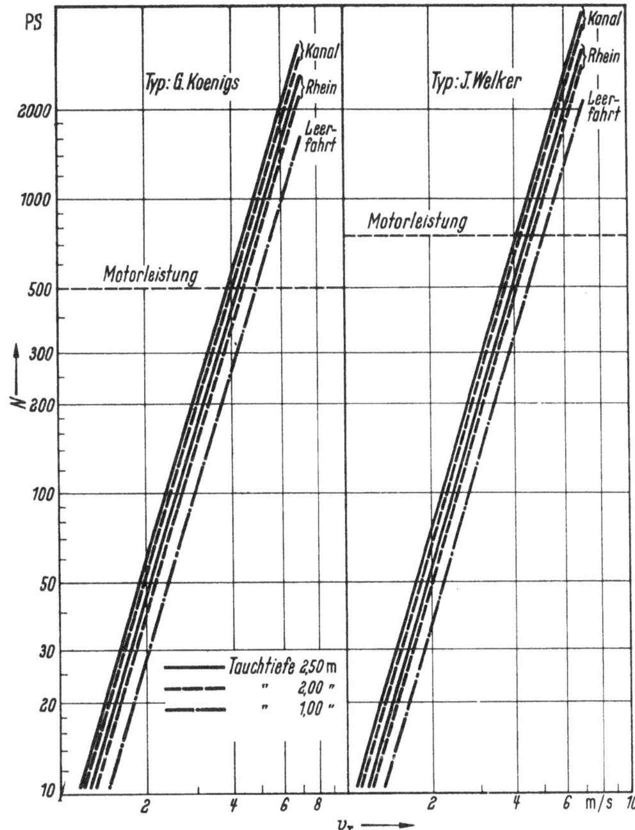

Abb. 18. Leistungsbedarf der Motortankschiffe

Die Tab. 20 zeigt das Schema der Ermittlung der Mindest-Umlaufzeit und des Kraftstoffverbrauchs der Binnenschiffe.

Tabelle 20. *Ermittlung der Mindestumlaufzeit und des Kraftstoffverbrauchs der Binnenschiffe*

Strecke

Entfernung	Fluß	=	km
	Kanal	=	km
	Insgesamt	=	km

Arbeitsvorgang	V (km/h)	Zeitaufwand		Motorbeanspruchung (PS erf.)	Kraftstoffverbrauch	
		(Std.)	(Tage)		(kg/h)	(kg)
1. Laden						
2. Bergfahrt						
Bergfahrt Fluß						
Abschnitt						
Abschnitt						
Abschnitt						
Bergfahrt Kanal						
Schleusen						
3. Löschen						
4. Talfahrt						
Talfahrt Kanal						
Schleusen						
Talfahrt Fluß						
Abschnitt						
Abschnitt						
Abschnitt						
Summe						

Nach diesem Schema wurde der Zeit- und Kraftstoffaufwand für verschiedene Hauptverkehrsbeziehungen im Mineralölverkehr untersucht, wobei mittlere Fahrwasserverhältnisse auf dem Rhein und seinen Nebenflüssen zugrunde gelegt wurden. Die einzelnen Fahrzeiten ergaben sich aus folgenden durchschnittlichen Fahrgeschwindigkeiten, die von Motorschiffen erzielt werden:

1. Auf dem Rhein:

Stromauf:	Rotterdam — Wesel	14 km/h,
	Wesel — Köln	10 km/h,
	Köln — Mannheim	8 km/h,
	Mannheim — Karlsruhe	7 km/h,
	Karlsruhe — Kehl	6 km/h,
	Kehl — Basel (im Kanal)	8 km/h,
Stromab:	Basel — Rotterdam	20 km/h;

2. Auf den kanalisierten Nebenflüssen des Rheins:

Stromauf:	8 km/h,
Stromab:	16 km/h;

3. Auf Kanälen: 8 km/h in beiden Richtungen.

Der Kraftstoffverbrauch ergibt sich näherungsweise aus der Beanspruchung des Motors in Verbindung mit der Fahrzeit und einem mittleren Erfahrungswert für den Ölverbrauch von 180 g Öl/

PSh. Für den Antrieb von Nebenanlagen an Bord und für gelegentliche ungünstige Belastung des Motors wurde ein Zuschlag von 10% in Rechnung gestellt.

Als Ergebnis dieser Berechnungen sind in der Tab. 21 Werte für den Zeit- und Kraftstoffaufwand eines Motortankschiffs Typ G. Koenigs für ausgewählte Strecken des Mineralölverkehrs zusammengestellt.

Tabelle 21. *Zeit- und Kraftstoffaufwand eines Motortankschiffs Typ G. Koenigs für ausgewählte Strecken*

Strecke	Entfernung (km) Wasserweg	Zeitaufwand (Tage)			Kraftstoff-aufwand (kg)
		Fahrt	Hafen	Summe	
1. Rheinauf ab Köln					
Köln — Koblenz und zurück	95	1,5	1,5	3,0	1 160
Köln — Mainz und zurück	190	2,5	1,5	4,0	2 320
Köln — Mannheim und zurück ...	265	3,5	1,5	5,0	3 160
Köln — Karlsruhe und zurück	330	4,5	1,5	6,0	3 960
Köln — Kehl und zurück	395	5,5	1,5	7,0	5 040
Köln — Basel und zurück	520	7,5	1,5	9,0	6 160
2. Kanalisierte Flüsse					
Mannheim — Heilbronn und zurück	112	2,5	1,5	4,0	980
Mannheim — Stuttgart und zurück	188	4,5	1,5	6,0	1 680
Mainz — Würzburg und zurück ...	248	5,5	1,5	7,0	2 190
Mainz — Bamberg und zurück	388	8,0	1,5	9,5	3 360
Mainz — Nürnberg und zurück ...	454	10,5	1,5	12,0	3 970
3. Rhein und kanalis. Nebenflüsse					
Köln — Stuttgart und zurück	453	8,0	1,5	9,5	4 840
Köln — Würzburg und zurück	438	8,0	1,5	9,5	4 510
Köln — Nürnberg und zurück.....	644	13,0	1,5	14,5	6 290

Ein Vergleich mit Erfahrungswerten der Tankschiffahrt hat gezeigt, daß die Fahr- und Ladezeiten knapp bemessen sind, während der angegebene Kraftstoffverbrauch infolge der verhältnismäßig hohen Fahrgeschwindigkeiten über den Erfahrungssätzen liegt.

4.3. Ermittlung der Anlagekosten

Als Preise moderner Motortankschiffe wurden folgende Werte angesetzt (Preisstand 1958):

Typ G. Koenigs mit 950 t Tragfähigkeit = 800 000 DM,
Typ J. Welker mit 1350 t Tragfähigkeit = 950 000 DM.

Die Anlagekosten der festen Anlagen der Binnenschiffahrt, also der Wasserstraßen und der Häfen, schwanken je nach dem Gelände und den sonstigen örtlichen Verhältnissen. Im Gegensatz zu den großen Flüssen, die in erster Linie für wasserwirtschaftliche Zwecke reguliert und dabei ohne erhebliche zusätzliche Aufwendungen schiffbar gemacht wurden, sind für den Bau künstlicher Wasserstraßen hohe Beträge aufzuwenden, die näher zu untersuchen sind.

In der Tab. 22 sind die Anlagekosten einiger künstlicher Wasserstraßen zusammengestellt, um einen Eindruck von ihrer Größenordnung bei den Preisverhältnissen des Jahres 1958 zu geben.

Für den Neubau von Kanälen sind im Flachland mindestens 3 Mio DM/km, dagegen im Bergland erheblich höhere Beträge aufzuwenden. Die Kanalisierung von Flüssen erfordert mindestens 2,5 Mio DM/km und wird mit wachsender Entfernung von der Mündung teurer. Die niedrigeren Voranschläge für die Schiffbarmachung des Hochrheins sind insofern ein Ausnahmefall, als die Stauanlagen bereits zu Lasten der Stromversorgung gebaut und in Betrieb sind.

In diesem Zusammenhang ist darauf hinzuweisen, daß bei der Kanalisierung von Flüssen und auch beim Bau von Kanälen in der Regel neben der Schiffbarmachung noch andere Zwecke verfolgt werden, wie Erzeugung elektrischen Stromes, wasserwirtschaftliche Verbesserungen, Aufgaben der Landeskultur. Der Schiffahrt sind dann nicht alle, sondern nach dem Nutzungsprinzip nur die anteiligen Bau- und Betriebskosten anzulasten.

Tabelle 22. *Anlagekosten künstlicher Wasserstraßen (Preisstand 1958)*

Wasserstraße	Länge km	Staustufen Zahl und Art	Baukosten: Mio RM o. DM (Jahr)	Baukosten: Preisbericht. für 1958	Baukosten: Mio DM/km (1958)	Quelle
1. Kanäle						
Kanal .... (Flachland—Bergland)			2—5 (1956)	+ 6%	2,1—5,3	E. Seiler [*11*] S. 49
Nord-Süd-Kanal	120	1 Schleuse u. 1 Hebew.	388 (1954)	+ 12%	3,6	A. Predöhl [*19*] S. 29ff.
Rhein-Maas-Kanal ...	40	2 Schleusen	120 (1958)	—	3,0	W. Böttger [*33*]
Main-Donau-Kanal						
Bamberg—Nürnberg	66	7 Schleusen	420 (1958)	—	6,3	RMD, Nürnberg 1959 [*30*] und [*60*]-(Scheitelstrecke)
Nürnberg—Kelheim .	174	Hebew.	900 (1939)	+ 150%	12,9	
2. Kanalis. Flüsse						
Neckar (1350-t-Schiff)						
Mannheim—Heilbronn	112	11 Schleusen	115 (1935)	+ 150%	2,5	Hafen Stuttgart, Broschüre
Heilbronn—Stuttgart	76	12 Schleusen	214 (1950)	+ 20%	3,4	
Mosel (1500-t-Schiff)						
Koblenz—Grenze ...	240	11 Schleusen	600 (1958)	—	2,5	E. Seiler
Hochrhein (1350t-Schiff)						
Basel-Konstanz	170	13 Schleusen	220 (1950)	+ 20%	1,6	Bericht des Schweiz. Bundesrats v. 2.3.56 (nur Schiffahrtsanlagen)

4.4. Berechnung der objektiven Selbstkosten

Die Kosten der Binnenschiffahrt setzen sich aus den Kosten des Schiffes und seiner Fortbewegung sowie aus den anteiligen Kosten der Wasserstraßen mit ihren Betriebseinrichtungen zusammen. Die Selbstkosten der Mineralöltransporte wurden für Motortankschiffe vom Typ G. Koenigs und J. Welker für einige, für den Ölproduktenverkehr interessante Verkehrsbeziehungen im Rheinstromgebiet berechnet. Da die Transportkosten der Motorschiffe um 10 bis 15% unter denen der Schleppzüge liegen, wurden die Schleppzugkosten nicht weiter verfolgt.

Die Tab. 23 zeigt das Schema der Kostenberechnung der Mineralölbeförderung mit Motortankschiffen Ausgehend von den technischen Grundlagen sind in der Tabelle zunächst die festen Jahreskosten des Schiffes berechnet; die einzelnen Kostenartengruppen sind aus Abschn. 2 der Tabelle zu ersehen. Die Kosten eines Schiffsumlaufs wurden im Abschn. 3 zusammengestellt, wobei die Kosten des Schiffes, die Kosten der befahrenen Wasserstraße sowie die Kosten für Umschlag der Mineralöle und Abfertigung berücksichtigt sind. Der Rechengang wurde entsprechend den Ausführungen im Abschn. 2.3.3. für die Grenzkosten und die Vollkosten durchgeführt; die Grenzkosten enthalten keine Kapitalkosten.

Zu den einzelnen Kostenansätzen für die Tab. 23 ist noch zu bemerken:

1. Die festen Kosten des Schiffes für einen Umlauf (anteilige Kapitalkosten und feste Betriebskosten) erhält man aus den festen Jahreskosten und der Zahl der Umläufe im Jahr. Als veränderliche Betriebskosten fallen im wesentlichen nur die Kosten für Kraft- und Schmierstoffe sowie die sogenannten Fahrtnebenkosten an.

Tabelle 23. *Schema der Kostenberechnung der Ölbeförderung mit Motortankschiffen*

1. Technische Grundlagen		
Motortankschiff	Typ:	
Tragfähigkeit max.	=	t
Mittlere Ladefähigkeit	=	t
Strecke		
	Fluß =	km, Kanal = km
Mindestumlaufzeit	t =	Tage
Beschäftigungsgrad	b =	%
Umläufe/Jahr	n = b · 365/t =	
Personal	=	1 Schiffsführer, 1 Maschinist, 1 Bootsmann
Kraftstoffverbrauch	B =	kg Gasöl/Umlauf

2. Feste Jahreskosten des Schiffes	DM/Jahr	
	Grenzkosten	Vollkosten
2.1. Kapitalkosten		
Kalkul. Zinsen		
Kalkul. Abschreibung		
Summe 2.1.		
2.2. Feste Betriebskosten		
Personal		
Unterhaltung		
Versicherung		
Verwaltungs- und Gemeinkosten		
Summe 2.2.		
3. Kosten eines Schiffsumlaufs	**DM/Umlauf**	
3.1. Kosten des Schiffes		
Anteilige Kapitalkosten		
Anteilige feste Betriebskosten		
Veränderliche Betriebskosten		
Kraft- und Schmierstoffkosten		
Fahrtnebenkosten		
Summe 3.1.		
3.2. Kosten der Wasserstraße	ohne Kapitalkosten	
Anteilige Kanalkosten		
Anteilige Hafenkosten		
Summe 3.2.		
3.3. Umschlags- und Abfertigungskosten		
Summe der Kosten eines Umlaufs		
4. Ergebnis	**Grenzkosten**	**Vollkosten**
Spezifische Kosten (Nettolast t) DM/t		
Dpf/tkm		

2. Die Höhe der Wegekosten der Binnenschiffahrt ist noch nicht endgültig geklärt. Beim Bundesverkehrsministerium und bei den Wasser- und Schiffahrtsbehörden laufen zur Zeit Ermittlungen darüber, die besonders durch das Problem der Aufteilung der Kosten auf die Nutznießer der Wasserstraßen erschwert sind. Da diese Untersuchungen noch nicht abgeschlossen sind, mußte im Rahmen dieser Abhandlung versucht werden, wenigstens einen Anhalt über die Größenordnung der objektiven Wegekosten der Schiffahrt auf dem Rhein, seinen kanalisierten Nebenflüssen und einigen Kanälen zu gewinnen. Dazu wurden unter anderem auch die vorläufigen

Ergebnisse der amtlichen Untersuchungen über die laufenden jährlichen Ausgaben [*23*] verwertet[1].

Der Schiffsverkehr auf dem Rhein ist auf Grund internationaler Verträge von Abgaben befreit. Da für den Mittel- und Unterlauf des Rheins wegen der niedrigen Regulierungskosten und des starken Verkehrs ohnehin nur geringfügige Wegekosten anzusetzen wären, wurden diese schwer zu berechnenden Beträge im folgenden vernachlässigt.

Auf den Kanälen und kanalisierten Flüssen entstehen dagegen je nach Baukosten und Verkehrsdichte Wegekosten in nicht vernachlässigbarer Höhe. In der Tab. 24 sind die objektiven Wegekosten künstlicher Wasserstraßen größenordnungsmäßig abgeschätzt, wobei die in der Tab. 22 angegebenen Anlagekosten zugrunde gelegt sind. Die objektiven Wegekosten setzen sich aus den Kosten für Unterhaltung, Betrieb und Verwaltung (Tab. 24, 2.1.) und den Kapitalkosten (Tab. 24, 2.2.) zusammen, wobei jeweils nur die Anteile der Binnenschiffahrt entsprechend den speziellen Verhältnissen der einzelnen Wasserstraßen in Rechnung gestellt sind.

Tabelle 24. *Abschätzung der objektiven Wegekosten künstlicher Wasserstraßen*

Kostenart	Einheit	Kanäle			Kanal. Flüsse	
		Nord-Süd	Rhein-Maas	Main (Bamb-Nürnb)	Neckar (Mannh – Stg)	Hochrhein
1. Mittlere Anlagekosten (Preise 1958, n. Tab. 22)	Mio DM/km	3,60	3,00	6,30	2,95	1,60
Anteil d. Binnenschiff.	Mio DM/km	3,42 (95%)	2,85 (95%)	5,98 (95%)	2,20 (75%)	1,60 (100%)
2. Absolute Wegekosten (Nur Anteil der Binnenschiffahrt)						
2.1. Unterhaltg., Betrieb und Verwaltung (n. E. SEILER [*23*])	DM/km	38 000	38 000	38 000	16 000	16 000
2.2. Kapitalkosten (5%)	DM/km	171 000	142 500	299 000	110 000	80 000
Summe 2.1. + 2.2.	DM/km	209 000	180 500	337 000	126 000	96 000
3. Zukünftige Verkehrsdichte (Prognose)	Mio Netto-tkm/km	6,0	8,0	6,0	6,0	2,0
4. Spezifische Wegekosten						
Grenzkosten (nur 2.1.)	Df/N-tkm	0,63	0,48	0,63	0,27	0,80
Vollkosten (2.1. + 2.2.)	Df/N-tkm	3,48	2,26	5,62	2,10	4,80

Die in der Tabelle unter 1. eingesetzten Anteile der Binnenschiffahrt berücksichtigen den geringen wasserwirtschaftlichen Nutzen der genannten Kanäle; bei den kanalisierten Flüssen ist der unterschiedliche Anteil darauf zurückzuführen, daß der Hochrhein bereits für nicht verkehrliche Zwecke ausgebaut ist und die geplanten Anlagen ausschließlich der Schiffahrt dienen. Die anteiligen Kosten unter 2.1. sind nach Angaben von E. SEILER [*23*] eingesetzt; sie enthalten auch die Kosten der „gewöhnlichen Erneuerung", die nach der hier benutzten Begriffsbestimmung der Unterhaltung zuzuordnen sind. Die Kosten unter 2.2. umfassen die Verzinsung des Zeitwerts der Wasserstraße (Zinssatz 6%, Zeitwert = $^2/_3$ des Neuwerts) und die Kosten der betriebswirtschaftlich in Rechnung zu stellenden Abschreibung, die von einer mittleren Nutzungsdauer

[1] Die Schrift von F. FÜLLING, „Betrachtungen zu den Wegekosten der Binnenschiffahrt", Darmstadt 1961, ist erst nach dem Abschluß dieser Untersuchung erschienen und konnte nicht berücksichtigt werden.

von 100 Jahren ausgeht. Die unter 3. angegebenen Werte für die zukünftige Verkehrsdichte beruhen auf Schätzungen über die zukünftige Verkehrsentwicklung.

Als Ergebnis der Berechnungen sind in der Tab. 24 unter 4. die spezifischen Wegekosten für einige ausgewählte Wasserstraßen zusammengestellt. Da sich die weiteren Berechnungen vornehmlich auf die in ähnlicher Form kanalisierten Flüsse Neckar und Main beziehen, wurden die für den Neckar angegebenen Werte auch für den Unterlauf des Mains bis Bamberg benutzt.

3. Neben den Wegekosten der Wasserstraßen sind noch die Hafenkosten zu berücksichtigen, die nach überschläglichen Berechnungen mit einem unteren Satz von 0,75 DM/t in Rechnung gestellt wurden.
4. Als Kosten für den Umschlag und die Abfertigung der Mineralöle wurden, wie bereits erwähnt, für den Binnenschiffstransport 0,20 DM/t angesetzt.

Aus diesen einzelnen Kostengruppen wurden nach dem Schema der Tab. 23 für einige wichtige Verkehrsbeziehungen die gesamten Kosten eines Umlaufs und die spezifischen Grenz- und Vollkosten berechnet. Im Hinblick auf die wechselnden Wasserstände wurde nicht die größte Tragfähigkeit, sondern die durchschnittliche Nettolast der Motortankschiffe bei 2,10 m Tauchtiefe in die Rechnung eingeführt.

5. Mineralölbeförderung mit Eisenbahn-Ganzzügen

5.1. Betriebsabwicklung

Von den technischen Fortschritten, die zur Rationalisierung und Modernisierung des Eisenbahnbetriebes beigetragen haben, seien in diesem Zusammenhang vor allem die Elektrifizierung wichtiger Hauptbahnen und der Einsatz neuer, leistungsfähiger Triebfahrzeuge und Wagen erwähnt.

Da sich bei hohem Verkehrsaufkommen im Kohlen- und Erzverkehr bereits geschlossene Pendelzüge aus Großraumwagen betrieblich und wirtschaftlich bewährt haben, wurden auch für den Mineralölmassenverkehr Ganzzüge vorgesehen, die zwischen Versand- und Empfangsbahnhof ohne Umbildung pendeln. Diese Züge sollen aus 15 und 20 vierachsigen Großraumtankwagen gebildet werden. Jeder dieser Tankwagen hat bei etwa 20 Tonnen Eigengewicht eine Tragfähigkeit von rund 60 Tonnen und einen Laderaum von 75 Kubikmetern. Die Lasten der beladenen Wagenzüge betragen dann für den „Zug L“ mit 15 Wagen 1200 Brutto-Tonnen bzw. 900 Netto-Tonnen und den „Zug S“ mit 20 Wagen 1600 Brutto-Tonnen bzw. 1200 Netto-Tonnen.

Die beförderten Mengen entsprechen damit etwa denen der Binnentankschiffe vom Typ Gustav Koenigs und Johann Welker. Es sei darauf hingewiesen, daß noch höherere Bruttozuglasten als 1600 Tonnen technisch möglich sind — so verkehren im Erzverkehr und auf Flachlandstrecken Züge mit 2000 und 2200 Tonnen Last.

Hinsichtlich der baulichen Anlagen sind für den Mineralölverkehr zweigleisige Strecken mit elektrischer Zugförderung vorausgesetzt.

Bei vierachsigen Güterwagen mit 20 Tonnen Achsdruck ist eine Höchstgeschwindigkeit von 75 km/h zulässig. Bei festen Umlaufplänen kann für die Ölganzzüge mit elektrischen Lokomotiven eine Reisegeschwindigkeit von 50 km/h ohne Nachweis, der die Kenntnis der Streckenverhältnisse des Einzelfalles erfordern würde, angenommen werden.

In der Tab. 25 ist die Ermittlung der Mindest-Umlaufzeit der Ölganzzüge im einzelnen dargelegt. Dazu sind die Zeitelemente für das Be- und Entladen der Tankwagen einschließlich der betrieblichen Nebenarbeiten auf dem Versand- und Empfangsbahnhof (Zerlegen des Zuges in zwei Gruppen, Rangierfahrten zu den Ladegleisen usw.) zusammengestellt. Für den Mineralölmassenverkehr sind leistungsfähige Umschlagseinrichtungen vorausgesetzt, die je nach Zuglänge aus zwei bis drei Gleisen mit Füllgerüsten oder Bodenanschlüssen zum Entleeren der Mineralölprodukte, getrennt nach Sorten, bestehen. Zur Beschleunigung des Umschlags werden mehrere Wagen gleichzeitig gefüllt oder entladen, wobei verschiedene Sicherheitsforderungen zu erfüllen sind [*67*]. Für die gesamten Aufenthalte zum Be- oder Entladen im Mineralölmassenverkehr erhält man einen Zeitbedarf von mindestens 4 oder 3 Stunden.

Tabelle 25. *Ermittlung der Mindest-Umlaufzeit der Ölganzzüge im Knotenpunktverkehr*

Arbeitsvorgang	Zeitbedarf	
	Min	Std.
1. Beladen		
Nach Ankunft des Leerzuges auf dem Versandbahnhof:		
1.1. Abspannen der Zuglok	10	
1.2. Rangierlok teilt Zug und setzt 2 (bis 3) Wagengruppen in die Anschlußgleise des Tanklagers	30	
1.3. Laderechtstellen der Wagen, Beladen von je 2×2 Wagen, gleichzeitig wagentechnische Untersuchung	150	
1.4. Wiegen und Überführen der Wagen auf das Ausfahrgleis	30	
1.5. Vorspannen der Zuglok, Bremsprobe	20	
Mindest-Zeitbedarf für Beladen $t_b =$	240	4,0
2. Lastfahrt (Ganzzug aus vierachsigen Wagen)		
Höchstgeschwindigkeit max $V = 75$ km/h		
Reisegeschwindigkeit $V_R = 50$ km/h		
Zeitbedarf für Lastfahrt $t_f =$		L/V_R
3. Entladen		
Nach Ankunft des Zuges auf dem Empfangsbahnhof:		
3.1. Abspannen der Zuglok	10	
3.2. Rangierlok teilt Zug und setzt 2 Wagengruppen in die Anschlußgleise des Tanklagers	30	
3.3. Laderechtstellen der Wagen, Entladen von je 2×3 Wagen, gleichzeitig wagentechnische Untersuchung	100	
3.4. Überführen auf das Ausfahrgleis	20	
3.5. Vorspannen der Zuglok, Bremsprobe	20	
Mindest-Zeitbedarf für Entladen $t_e =$	180	3,0
4. Leerfahrt (wie unter 2.) $t_f =$		L/V_R

5. Mindest-Umlaufzeit einschl. 1 Std. Reserve
$\min t_u = t_b + t_f + t_e + t_f + t_{Res} = 2\,(4 + L/V_R)$ Std.

Damit ergibt sich die Mindestumlaufzeit eines Ölganzzuges im Knotenpunktverkehr aus der Streckenlänge L und der Reisegeschwindigkeit V_R in Verbindung mit den Mindestaufenthaltszeiten und einer Reservezeit von einer Stunde zu

$$\min t_u = 2\,(4 + L/V_R)\ (\text{Std}).$$

In der Tab. 26 sind die Leistungs- und Verbrauchswerte eines Ölganzzuges in Abhängigkeit von der Beförderungsweite berechnet, wie sie für die weitere Kostenermittlung benötigt werden. Bei der Berechnung der Umlaufzeiten sind die Bindungen an regelmäßige Umlaufpläne berücksichtigt, denn die Aufenthalte der Tankwagen in den Versand- und Empfangsbahnhöfen müssen vielfach über die Mindestzeit nach Tab. 25 so verlängert werden, daß die Ölganzzüge in den Fahrplan eingeordnet werden können. Da ein genauer Betriebsplan, der die Ölzüge in die Belegung einer bestimmten Strecke einfügt, nur für konkrete Verhältnisse aufgestellt werden kann, mußte durch die angenommene Reisegeschwindigkeit in Verbindung mit Reservezeiten ein Spielraum für die fahrplantechnischen Notwendigkeiten geschaffen werden. Weitere Erläuterungen zur Tab. 26 sind im folgenden Abschn. 5.2. enthalten.

5.2. Fahrdynamische Untersuchung

Die fahrdynamische Untersuchung der Zugfahrten kann genau nach dem Verfahren von W. Müller [*14*] oder nach dem Kostenmaßstabverfahren [*34*] durchgeführt werden, wobei die jeweiligen Streckenverhältnisse eines Einzelfalles bekannt sein müssen. Wegen ihrer allgemein gehaltenen Zielsetzung sollen die folgenden Untersuchungen jedoch auf durchschnittlichen Erfahrungswerten für die Reisegeschwindigkeit und den Energieverbrauch aufbauen.

Tabelle 26. *Leistungs- und Verbrauchswerte eines Ölganzzuges in Abhängigkeit von der Beförderungsweite*

Zeit bzw. Wert	Einheit	Beförderungsweite L (km)								
		50	100	200	300	400	500	600	700	800
1. Umlaufzeiten										
Beladen u. Entladen $t_b + t_e + t_{Res}$	Std.	8	8	8	8	8	8	8	8	8
Fahrzeit $2\,t_f = 2\,L/50$	Std.	2	4	8	12	16	20	24	28	32
Mindest-Umlaufzeit min t_u	Std.	10	12	16	20	24	28	32	36	40
Fahrplanabh. Umlaufz. t_u	Std.	12	12	16	24	24	36	36	36	48
Umläufe/Jahr bei 70% Beschäftigung (255 T)		510	510	383	255	255	170	170	170	128
2. Leistungen/Umlauf										
Zug-km $L_z = 2 \cdot L$	Zugkm	100	200	400	600	800	1 000	1 200	1 400	1 600
Lok-km $L_e = 2{,}1 \cdot L$	Lokkm	105	210	420	630	840	1 050	1 260	1 470	1 680
Leistungs-tkm										
Zug L (900 Nt)	1000 Ltkm	83	166	332	498	664	830	996	1 162	1 328
Zug S (1200 Nt)	1000 Ltkm	108	216	432	648	864	1 080	1 296	1 512	1 728
3. Verbrauchswerte/Uml.										
Personalbedarf										
Lokführer $60 \cdot (2\,t_f + 2{,}0)$	Min.	240	360	600	840	1 080	1 320	1 560	1 800	2 040
Zugführer $60 \cdot (2\,t_f + 1{,}34)$	Min.	200	320	560	800	1 040	1 280	1 520	1 760	2 000
Energieverbrauch										
Zug L (900 Nt)	kWh	1 660	3 320	6 640	9 960	13 280	16 600	19 920	23 240	26 560
Zug S (1200 Nt)	kWh	2 160	4 320	8 640	12 960	17 280	21 600	25 920	30 240	34 560

Hinsichtlich der Fahrzeit wurde bereits in Abschn. 5.1. erwähnt, daß als durchschnittliche Reisegeschwindigkeit der Ölganzzüge aus vierachsigen Wagen $V_R = 50$ km/h angesetzt werden. Dann beträgt die Fahrzeit für eine Fahrt

$$t_f = L/50 \text{ (Std.)}.$$

Auf dieser Grundlage läßt sich der in der Tab. 26 angegebene Personalbedarf für Lokführer und Zugführer aus der Dienstzeit unter Berücksichtigung der Vorbereitungs- und Abschlußzeiten wie folgt berechnen:

Lokführer $t_{zf} = 60 \cdot (t_f + 1{,}0)$ (Arbeitsmin.),
Zugführer $t_{zf} = 60 \cdot (t_f + 0{,}67)$ (Arbeitsmin.).

Der Energieverbrauch für die Zugfahrt hängt neben der Zuglast von den Streckenwiderständen und von der Fahrweise ab. Da vor allem die Streckenwiderstände unbekannt sind, wird der Kostenrechnung der mittlere Verbrauch für Durchgangsgüterzüge von

$\Delta e = 20$ Wh/tkm (Band 183 der Eb.-Lehrbücherei, S. 30)

zugrunde gelegt, wobei unter „tkm" hier Leistungstonnenkilometer zu verstehen sind, die das Gewicht der Lok, der Wagen und der Ladung berücksichtigen.

Die Ergebnisse der Berechnungen der Leistungs- und Verbrauchswerte gehen aus der Tab. 26 hervor.

5.3. Ermittlung der Anlagekosten

Als durchschnittliche Fahrzeugpreise wurden folgende Werte den weiteren Berechnungen zugrunde gelegt (Preisstand 1958):

Elektrische Lok der Baureihe E 40 = 1,20 Mio DM,
Elektrische Lok der Baureihe E 50 = 1,55 Mio DM,
Vierachsiger Tankwagen (20 t Eigengewicht, ohne Isolierung) = 40 000 DM.

Die Anlagekosten von Eisenbahnstrecken werden neben der vorgesehenen Leistungsfähigkeit vor allem vom durchquerten Gelände bestimmt und schwanken in weiten Grenzen. Im Rahmen dieser Abhandlung kommt es nicht darauf an, die Anlagekosten einzelner Strecken genau zu ermitteln. Vielmehr wurden ähnlich wie bei den Wasserstraßen neuere Schrifttumsangaben herangezogen, die die Größenordnung der Anlagekosten unter durchschnittlichen Verhältnissen erkennen lassen.

So gibt H. SCHNEIDER *[60]* als mittleren Neuwert einer elektrifizierten, zweigleisigen Hauptbahn 2,50 Mio DM/km an, wovon rund 20% auf die elektrische Streckenausrüstung entfallen. Die Prüfung dieses Wertes hat ergeben, daß er für die hier in Betracht zu ziehenden Flachland- und Mittelgebirgsstrecken gerechtfertigt ist und in die weiteren Berechnungen übernommen werden kann.

Tabelle 27. *Schema der Kostenberechnung der Ölbeförderung mit Eisenbahn-Ganzzügen*

1. Technische Grundlagen			
Durchgangsgüterzug:	Lok E	mit	Wagen
Gesamtgewicht	=	Lt	
Gewicht der Ladung	=	Nt	
Streckenlänge	L =	km	
Umlaufzeit	t_u =	Std.	
Beschäftigungsgrad	b =	%	
Personal: 1 Lokführer, 1 Zugführer			
Mittlerer Energieverbrauch	=	Wh/Ltkm	

2. Zugförderungskosten	Leistungseinheit	DM/Umlauf Grenzkosten	DM/Umlauf Vollkosten
2.1. Kosten der Zugfahrt			
Personalkosten			
Zugführer	Min		
Lokführer	Min		
Energie- und sonstige Kosten			
Betriebsstoffe	kWh		
Betriebspflege	Lok-km		
Verwaltung	%	—	
Unterhaltung			
Lok	Lok-km		
Wagen	Zug-km		
Kapitalkosten der Fahrzeuge (Verzinsung und Abschreibung)		—	
Summe 2.1.			
2.2. Kosten des Fahrweges			
Betriebs- und Bahnbewachungsdienst	Zug-km	—	
Unterhaltung (*U*) des Oberbaus	Ltkm		
Erneuerung (*E*) des Oberbaus	Ltkm	—	
U und *E* der elektr. Zugförderungsanlagen	Lok-km	nur *U*	
U und *E* der übrigen Bahnanlagen	Zug-km	nur *U*	
Zuschlag für Gemeinkosten			
Verzinsung der Bahnanlagen	Ltkm	—	
Summe 2.2.			

3. Kosten eines Umlaufs	DM/Umlauf	
3.1. Zugförderung		
3.2. Abfertigung und Umschlag		
3.3. Zugbildung		
Summe der Kosten eines Umlaufs		

4. Ergebnis		Grenzkosten	Vollkosten
Spezifische Kosten	DM/t		
	DM/tkm		

5.4. Berechnung der objektiven Selbstkosten

Die Selbstkostenberechnung der Deutschen Reichsbahn wurde in den zwanziger Jahren entwickelt [*26*]. Über den gegenwärtigen Stand der Methodik der Selbstkostenberechnung bei der Deutschen Bundesbahn hat W. Effmert [*37*] einen Überblick gegeben. Grundsätzlich ist zu unterscheiden zwischen der allgemeinen Betriebskostenrechnung („Beko"), einer Istkostenrechnung, mit der Durchschnittswerte für die Kosten der Leistungseinheiten ermittelt werden, und der speziellen Plankostenrechnung („Zuko"), die die besonderen Verhältnisse eines Einzelfalles berücksichtigt. Dazu sei vor allem auf die neueren Veröffentlichungen von W. Müller [*52*], H. Nebelung [*53*] und E. Brettmann [*34, 35*] verwiesen.

Im Rahmen dieser Abhandlung erwies es sich als nicht ausreichend, die objektiven Selbstkosten der Mineralölbeförderung mit Eisenbahn-Ganzzügen allein mit Hilfe von Durchschnittsergebnissen der Betriebskostenrechnung zu berechnen. Es war vielmehr erforderlich, die Kostenberechnung der Zugfahrten methodisch nach der „Dienstvorschrift für die Berechnung der Kosten einer Zugfahrt (Zuko)" (DV 454, Teil A II) der Deutschen Bundesbahn vorzunehmen.

Als Unterlagen für die eigentlichen Berechnungen wurden neben den einheitlichen Kostenansätzen für die Kapitalkosten Erfahrungswerte für die Betriebsführung benutzt, die die besonderen Verhältnisse des Mineralölmassentransports im Knotenpunktverkehr berücksichtigen. Nur bei wenigen Kostenartengruppen, die prozentual von untergeordneter Bedeutung sind, mußten die Durchschnittsergebnisse der Betriebskostenrechnung oder reine Plankosten verwendet werden.

In der Tab. 27 ist das Schema der Kostenberechnung der Ölbeförderung mit Eisenbahn-Ganzzügen dargestellt. Ausgehend von den technischen Grundlagen, wie den Daten des Zuges, seiner Umlaufzeit und dem Energieverbrauch, wurden die Zugförderungskosten in Abhängigkeit vom Beschäftigungsgrad als Grenz- und als Vollkosten berechnet. Aus der Tab. 27 ist zu ersehen, welche Kostenartengruppen bei den Grenzkosten nicht oder nur teilweise berücksichtigt wurden; im wesentlichen sind es die Kapitalkosten.

Die Kosten eines Umlaufs und die spezifischen Kosten ergeben sich schließlich aus der Summe der Kosten der Leistungsgebiete Zugförderung, Abfertigung und Umschlag sowie Zugbildung, wobei der Hauptteil der Kosten bei den besonderen Verhältnissen des Knotenpunktverkehrs auf die Zugförderung entfällt.

6. Vergleich der Mineralöltransportmittel

Wenn in diesem Abschnitt nun die Ölfernleitungen mit den herkömmlichen Mineraltransportmitteln verglichen werden sollen, so leuchtet ein, daß sich ein Vergleich dieser Transportmittel nicht auf die einzelnen Funktionen beziehen kann. Eine Gegenüberstellung ist nur in einem weiteren Sinne möglich, nämlich einerseits im Hinblick auf wichtige technische Eigenheiten und andererseits im Hinblick auf die von der Technik beeinflußten verkehrswirtschaftlichen Möglichkeiten, die maßgeblich von den objektiven Selbstkosten bestimmt werden. Aus einem Vergleich in diesem Sinn, der auf den Ergebnissen der vorangegangenen Abschnitte aufbaut, sollen die Einsatzgrenzen der Ölfernleitungen abgeleitet werden.

6.1. Vergleich wichtiger technischer Eigenheiten

6.1.1. Linienführung

Die Linienführung der Ölfernleitungen wird nicht allein durch die unbegrenzte Höchststeigung erleichtert, sondern auch dadurch, daß die Leitungen nur wenige Knotenpunkte mit starkem Verkehr zu verbinden haben. Im Gegensatz dazu sind die Eisenbahnen und Wasserstraßen infolge ihrer begrenzten zulässigen Steigung zu künstlichen Längenentwicklungen gezwungen. Sie müssen außerdem noch zusätzliche Umwege einschlagen, um möglichst viele Quellen und Ziele des Verkehrs zu erfassen und damit die verschiedensten Verkehrsbedürfnisse zu befriedigen.

Als einheitliche Grundlage für den Vergleich der Mineralöltransportmittel wurden die Entfernungen in der Luftlinie gewählt. Unter „Umwegen" sollen im folgenden die zusätzlichen Längenentwicklungen gegenüber der Luftlinienentfernung verstanden werden. Der „Umwegfaktor" α ergibt sich aus der Division der wirklichen Länge des Verkehrsweges L durch die Luftlinienentfernung L' der beiden Endpunkte:

$$\alpha = L/L'.$$

Bei den Ölproduktenleitungen, die im Mittelpunkt dieser Untersuchungen stehen, wird man nur in Ausnahmefällen so niedrige Umwegfaktoren wie bei der Stammleitung der Nordwest-Rohölleitung ($\alpha = 1{,}03$) erzielen können. Für Ölproduktenleitungen unter europäischen Verhältnissen wurde im folgenden ein mittlerer Umwegfaktor $\alpha = 1{,}15$ angenommen, der auch kurze Stichleitungen und Geländeschwierigkeiten berücksichtigt und etwa den bekanntgewordenen Ölleitungsplänen entspricht.

In der Tab. 28 sind die Umwegfaktoren von Eisenbahnen und Wasserstraßen für wichtige Verkehrsbeziehungen zusammengestellt.

Tabelle 28. *Umwegfaktoren der Eisenbahnen und Wasserstraßen*

Strecke	Entfernungen			Umwegfaktor $\alpha = L/L'$ (Luftlinie = 1,0)	
	Luftlinie L' (km)	Eisenbahn L (km)	Wasserstr. L (km)	Eisenbahn	Wasserstr.
Köln — Koblenz	78	93	95	1,19	1,22
Köln — Mainz	139	186	190	1,34	1,37
Köln — Mannheim	191	256	265	1,34	1,39
Köln — Karlsruhe	230	317	330	1,38	1,43
Köln — Basel	375	513	520	1,37	1,39
Mainz — Würzburg	118	174	248	1,47	2,10
Mainz — Bamberg	183	275	384	1,50	2,10
Mainz — Nürnberg	208	276	454	1,33	2,18
Mannheim — Stuttgart	97	135	188	1,39	1,94
Köln — Stuttgart	286	391	453	1,37	1,58
Köln — Würzburg	244	360	438	1,48	1,79
Köln — Nürnberg	332	462	640	1,39	1,93

Bei den Eisenbahnstrecken der Tab. 28 bewegt sich der Umwegfaktor zwischen 1,19 und 1,50; im Mittel liegt er auch bei anderen wichtigen Hauptbahnen bei 1,35. Die Umwegfaktoren der Wasserstraßen liegen im Rheintal durchweg etwas, auf den kanalisierten Nebenflüssen des Rheins aber erheblich über denen der Eisenbahnen. Wegen der großen Unterschiede zwischen den Umwegfaktoren konnte ein Mittelwert für die Wasserstraßen nicht gebildet werden; die jeweiligen Umwege wurden bei den Einzelrechnungen berücksichtigt.

6.1.2. Anpassung an das Verkehrsaufkommen

Gegenüber den Fahrzeugen der universellen Verkehrsmittel sind die Ölfernleitungen in ihrer Lage starr und in der Anpassung an das Verkehrsaufkommen wenig elastisch. Während der Einfluß der Verkehrsschwankungen innerhalb eines Jahres bereits durch den Ansatz eines einheitlichen mittleren Beschäftigungsgrades berücksichtigt wurde, ist der Einfluß der langjährigen Zunahme des Mineralölverkehrs noch zu untersuchen.

Eisenbahn und Binnenschiffahrt können dem zu erwartenden mengenmäßigen Ansteigen des Mineralölverkehrs in einigen Verkehrsbeziehungen durch Einsatz anderweitig frei gewordener oder neuer Betriebsmittel elastisch begegnen. Es erscheint im Rahmen dieser Abhandlung nicht erforderlich, allgemein oder für bestimmte Verkehrsbeziehungen eine besondere Leistungsreserve auf lange Sicht zu berücksichtigen.

Bei den Ölfernleitungen ist jedoch in der Regel die Schaffung einer solchen Leistungsreserve unumgänglich, da die den Ausbaustufen entsprechenden Leistungssprünge längere Zeit die Auslastung der Leitung gegenüber dem einheitlichen Beschäftigungsgrad herabsetzen. Im Hinblick auf ihre technischen Eigenheiten und die voraussichtliche Zunahme des Verkehrsaufkommens genügt es nicht allein, vergleichsweise kurze Nutzungszeiten von 20 oder 10 Jahren in Rechnung zu stellen, vielmehr sind durch einen besonderen „Anlauffaktor" die zusätzlichen Kosten der Leistungsreserve wenigstens näherungsweise abzuschätzen und in Rechnung zu stellen.

Für diesen Anlauffaktor β ist neben dem Rohrdurchmesser vor allem die Kostendifferenz zwischen den Ausbaustufen einer Ölfernleitung maßgebend. Die an einem Beispiel durchgeführte Berechnung der Anlauffaktoren ging von mittleren Annahmen aus (Beförderungsweite 200 km, Beschäftigungsgrad 70%, Pumpwerkabstände $E = 50$, 100 und 200 km). Die Anlauffaktoren β lagen im Rechenbeispiel zwischen 1,07 und 1,15, wobei die höheren Werte für kleinere Rohrdurchmesser gelten; sie wurden in die Kostenrechnungen eingeführt.

6.1.3. Grundwerte des Beförderungsvorgangs

Im Gegensatz zu der intermittierenden Beförderung mit Eisenbahnzügen und Binnenschiffen werden die Mineralöle durch Rohrleitungen kontinuierlich befördert. Wenn die universellen Verkehrsmittel neben der Nutzlast auch die Transportgefäße befördern müssen, so werden zwar zusätzliche Beförderungskosten verursacht, andererseits wird aber die Betriebsführung elastischer. Einige dieser Vor- und Nachteile lassen sich nicht in Zahlen fassen; der hier vorzunehmende zahlenmäßige Vergleich soll sich daher auf Grundwerte beschränken, die für den Beförderungsvorgang wesentlich sind: Nutzlastfaktor, Geschwindigkeit, Energieverbrauch und Personalaufwand.

In der Tab. 29 sind Nutzlastfaktor, Geschwindigkeit und Energieverbrauch der Mineralöltransportmittel im Knotenpunktverkehr zusammengestellt. Der Nutzlastfaktor der Ölzüge liegt demnach bei 70%, der der Binnentankschiffe günstigstenfalls bei 80% und der der Ölleitungen bei 100%. Hinsichtlich der Geschwindigkeit ist die Eisenbahn wegen ihres niedrigen und kaum geschwindigkeitsabhängigen Bewegungswiderstands den anderen Transportmitteln überlegen. Der Energieverbrauch wurde unter Berücksichtigung der Anteile für Lastfahrt und für Leerfahrt berechnet und als spezifischer Energieverbrauch auf die Verkehrsleistungen bezogen, wobei einmal die wirkliche Entfernung und zum anderen die Luftlinienentfernung zugrunde gelegt wurde.

Der Vergleich der „echten", auf Luftlinienentfernung bezogenen Energieverbrauchswerte der Mineralöltransportmittel umfaßt auch die unterschiedlichen bau- und maschinentechnischen Konstruktionselemente und zeigt, daß trotz der hohen Geschwindigkeit der spezifische Energieverbrauch der Ganzzüge niedrig ist. Die Ölfernleitungen haben allerdings je nach Durchmesser bei Fördergeschwindigkeiten unter 5 bis 7 km/h (1,4 bis 2 m/s) einen noch niedrigeren Energieverbrauch; jedoch ist auf die starke Zunahme des Energieverbrauchs mit steigender Fördergeschwindigkeit hinzuweisen, die im Zusammenhang mit den Bewegungswiderständen bereits im Abschn. 3.3.4. behandelt worden und aus den Abb. 13a-c zu ersehen ist.

Der relativ hohe spezifische Energieverbrauch der Binnenschiffe tritt besonders hervor; er ist zum Teil durch die Verwendung von Primärenergie zum Schiffsantrieb zu erklären, im wesentlichen aber auf den — ähnlich wie bei den Ölleitungen — mit zunehmender Geschwindigkeit stark ansteigenden Bewegungswiderstand in Verbindung mit der streckenweise zu überwindenden Gegenströmung der Flüsse zurückzuführen. Die verhältnismäßig hohen Verbrauchswerte der Binnenschiffe lassen vermuten, daß bei den angenommenen Fahrgeschwindigkeiten das Optimum des Energieverbrauchs bereits überschritten ist; durch den schnelleren Umlauf sinken jedoch die Kapitalkosten, so daß die Kosten insgesamt günstige Werte erreichen.

In der Tab. 30 ist der Personalaufwand der Mineralöltransportmittel im Knotenpunktverkehr berechnet und wieder auf die wirkliche und die Luftlinienentfernung bezogen, wobei von einer Transportentfernung von etwa 200 km Luftlinie ausgegangen wurde. Zu den Arbeitsstunden des Fahrpersonals, die sich aus den Betriebsplänen der Mineralöltransportmittel ergeben, sind Zuschläge für das stationäre Personal gemacht, deren Höhe größenordnungsmäßig ermittelt werden konnte. Das Ergebnis zeigt einen hohen spezifischen Personalaufwand der Binnenschiffahrt, während die Ölganzzüge infolge ihrer hohen Geschwindigkeit wesentlich niedrigere Werte erzielen. Den geringsten

Tabelle 29. *Nutzlastfaktor, Geschwindigkeit und Energieverbrauch der Mineralöltransportmittel im Knotenpunktverkehr*

Transportmittel		Nutzlast Q t	Bef. Gewicht $Q + G$ t	Nutzlastfaktor $\frac{100\,Q}{Q+G}$ %	Geschw. V km/h	Absoluter Energieverbrauch			Spezif. Energieverbrauch Δe		
						Lastf.	Leerf.	Ges. E	E/Q	scheinbar Kcal/Ntkm	echt Kcal/Ntkm'
1. Ölleitungen	E (km)	t/Tag	t/Tag			kWh/km			Wh/Ntkm		($\alpha = 1{,}15$)
d = 20 cm	100	2 100	2 100	100,0	3,3	53	—	53	25	21,5	24,7
	50	3 200	3 200	100,0	5,0	173	—	173	54	46,5	53,5
d = 30 cm	100	6 300	6 300	100,0	4,3	154	—	154	24,5	21,0	24,2
	50	9 300	9 300	100,0	6,5	484	—	484	52	44,7	51,5
d = 40 cm	100	13 000	13 000	100,0	5,0	312	—	312	24	20,6	23,7
	50	20 000	20 000	100,0	7,9	1 000	—	1 000	50	43,0	49,5
2. Binnenschiffahrt					(Mittel)	kg Gasöl/km			g/Ntkm		($\alpha = 1{,}39$)
2.1. Rheinauf ab Köln											
G. Koenigs	Mittel	750	1 020	73,5	Bergf.	10,0	2,0	12,0	16,0	160	222
	Max.	950	1 220	78,0	8	11,0	2,2	13,2	13,9	139	193
J. Welker	Mittel	1 100	1 440	76,5	Talf.	13,0	2,6	15,6	14,2	142	197
	Max.	1 350	1 690	80,0	20	14,3	2,9	17,2	12,8	128	178
2.2. Mainauf ab Mainz											($\alpha = 2{,}10$)
G. Koenigs	Mittel	750	1 020	73,5	Bergf.	6,0	2,5	8,5	11,3	113	237
	Max.	950	1 220	78,0	8	6,6	2,8	9,4	9,9	99	208
J. Welker	Mittel	1 100	1 440	76,5	Talf.	8,0	3,5	11,5	10,5	105	220
	Max.	1 350	1 690	80,0	16	8,8	3,9	12,7	9,4	94	197
3. Eisenbahn-Ganzzug					(Mittel)	kWh/km			Wh/Ntkm		($\alpha = 1{,}35$)
Zug L (1200 t)		900	1 280	70,4	50	25,6	7,6	33,2	36,9	31,7	42,8
Zug S (1600 t)		1 200	1 720	69,9	50	34,4	10,4	44,8	37,3	32,0	43,2

spezifischen Personalaufwand haben die Ölfernleitungen mit größerem Durchmesser (30 cm und mehr) aufzuweisen.

Zusammenfassend ist den Tab. 29 und 30 zu entnehmen, daß der technische Vorteil der Ölfernleitungen insbesondere im niedrigen Personalaufwand liegt. Die Unterschiede der technischen Grundwerte beim Vergleich der Ölfernleitungen mit Motortankschiffen sind stärker ausgeprägt als beim Vergleich der Ölfernleitungen mit Eisenbahn-Ganzzügen.

Tabelle 30. *Personalaufwand der Mineralöltransportmittel im Knotenpunktverkehr*

Transportmittel	Transportmenge Q	Transportleistung		Absoluter Personalaufwand			Spezif. Personalaufwand	
		scheinbar $Q \cdot L$	echt $Q \cdot L'$	Arb. Std. Fahrpers.	Zuschlag stat. Pers.	Arb. Min. insgesamt	scheinbar Min/Ntkm	echt Min/Ntkm'
	Nt/Tag	Ntkm/Tag	Ntkm'/Tag					
1. Ölleitungen (L = 200, L' = 174 km)								
d = 20 cm	2 100	420 000	367 000	32 · 7,5 = 240		14 400	0,0343	0,0392
d = 30 cm	6 300	1 260 000	1 100 000				0,0114	0,0131
d = 40 cm	13 000	2 600 000	2 260 000				0,0055	0,0064
	Nt/Umlauf	Ntkm/U.	Ntkm'/U.					
2. Binnenschiff								
2.1. Köln — Mannheim (L = 265 km, L' = 191 km)								
G. Koenigs	750	198 000	143 000	3 · 46	+ 20%	9 920	0,0501	0,0693
J. Welker	1 100	291 000	210 000	= 138			0,0341	0,0472
2.2. Mainz — Bamberg (L = 384, L' = 183 km)								
G. Koenigs	750	288 000	137 000	3 · 130	+ 30%	30 400	0,1055	0,2220
J. Welker	1 100	422 000	201 000	= 390			0,0720	0,1510
	Nt/Umlauf	Ntkm/U.	Ntkm'/U.					
3. Eisenbahn-Ganzzug (L = 300 km, L' = 222 km)								
Zug L (1200 t)	900	270 000	200 000	2 · 10	+ 300%	4 800	0,0178	0,0240
Zug S (1600 t)	1 200	360 000	266 000	= 20			0,0133	0,0180

6.2. Vergleich der objektiven Selbstkosten

6.2.1. Abhängigkeit von der Beförderungsweite

Auf der Abb. 19 ist der Vergleich der objektiven Selbstkosten der Mineralöltransportmittel im Knotenpunktverkehr in Abhängigkeit von der Beförderungs weite L', bezogen auf die Luftlinienentfernung, für Beschäftigungsgrade b = 50, 70 und 90% dargestellt. Dabei ist ein einheitlicher jährlicher Zinssatz von 6% und für die Ölfernleitungen eine Nutzungsdauer von 10 oder 20 Jahren zugrunde gelegt, während die Nutzungsdauer der Anlagen der universellen Verkehrsmittel den Erfahrungen entsprechend länger angesetzt wurde.

Die Selbstkostenkurven der Ölfernleitungen verlaufen gleichmäßig und über 150 km fast entfernungsunabhängig, zumal die bei Vermehrung der Pumpwerke entstehenden Sprungkosten wegen ihrer Geringfügigkeit vernachlässigt werden konnten. Aus der unterschiedlichen Kostenhöhe eines bestimmten Rohrdurchmessers bei verschiedenen Beschäftigungsgraden läßt sich indirekt die starke Abhängigkeit der Kosten von der Beförderungsmenge Q erkennen, die auf der Abb. 20 noch besonders gezeigt wird.

Als Selbstkosten der Eisenbahnbeförderung im Knotenpunktverkehr sind in senkrechter Schraffur die Vollkosten und die Grenzkosten für Ganzzüge mit 900 und 1200 t Nutzlast eingetragen, wobei wie bei den Ölleitungen Kostensprünge vernachlässigt sind. Die Abhängigkeit der Kosten von der Beförderungsweite ist stärker als bei den Ölfernleitungen und bis zu etwa 300 km ausgeprägt; von da an verlaufen die Kurven fast geradlinig.

Für Motortankschiffe vom Typ G. Koenigs und J. Welker sind ebenfalls die Vollkosten und Grenzkosten dargestellt und durch schräge Schraffur hervorgehoben. Die Selbstkostenkurven gelten für Fahrten auf dem Rhein von Köln bis Basel und für Fahrten auf den kanalisierten Nebenflüssen Main und Neckar. Die auffällige Verteuerung der Fahrten in Richtung Nürnberg und Stuttgart ist vor allem durch die starke Schleifenbildung der Flüsse und bei den Vollkosten zusätzlich durch die entsprechend erhöhten Wegekosten zu erklären. Der Einfluß der auf den Teilstrecken unterschiedlichen Fahrgeschwindigkeiten macht sich ebenfalls geltend; darauf ist z. B. die Kostensenkung auf dem als fertig vorausgesetzten Rheinseitenkanal zwischen Straßburg und Basel sowie zum geringeren Teil der Kostenanstieg auf den kanalisierten Nebenflüssen des Rheins zurückzuführen.

6.2.2. Abhängigkeit von der Beförderungsmenge

Auf der Abb. 20 ist der Vergleich der objektiven Selbstkosten der Mineralöltransportmittel im Knotenpunktverkehr in Abhängigkeit von der Beförderungs menge Q, gemessen in Millionen Tonnen/Jahr, für Beförderungsweiten L' = 100, 200 und 300 km Luftlinie dargestellt. Die Kosten sind unter denselben Annahmen wie für die Abb. 19 berechnet.

Die Selbstkostenkurven der Ölleitungen sind durch eine starke Abhängigkeit von der Beförderungsmenge gekennzeichnet. Im Interesse einer deutlichen Darstellung wurde nicht die Schar der zu jedem Rohrdurchmesser gehörigen Kostenkurven, sondern nur je eine Hüllkurve für die Beschäftigungsgrade b = 50, 70 und 90% ausgezogen und außerdem die entstehende sichelförmige Kostenfläche durch schräge Schraffur hervorgehoben.

Im Gegensatz zu den Ölfernleitungen zeigen die Selbstkostenkurven der universellen Verkehrsmittel keinen Einfluß der Beförderungsmenge. Das ist nur näherungsweise richtig und auf die Annahme zurückzuführen, daß die vom Mineralölverkehr zusätzlich beanspruchten Verkehrswege bereits durch andere Verkehre erheblich belastet sind. Wenn der Mineralölverkehr nur 5 bis 10% des bereits vorhandenen Verkehrs ausmacht, können die Wegekosten unabhängig vom Mineralöl-Verkehrsaufkommen in einheitlicher Höhe angesetzt werden.

Bei der Eisenbahn sind wieder die Vollkosten und Grenzkosten für Ganzzüge mit 900 und 1200 t Nutzlast eingetragen. Der so entstehende, senkrecht schraffierte Kostenstreifen ist rechts durch die Kostenkurve für 10 Züge, die die geforderten Mineralölmengen unter den getroffenen Annahmen befördern könnten, abgeschlossen.

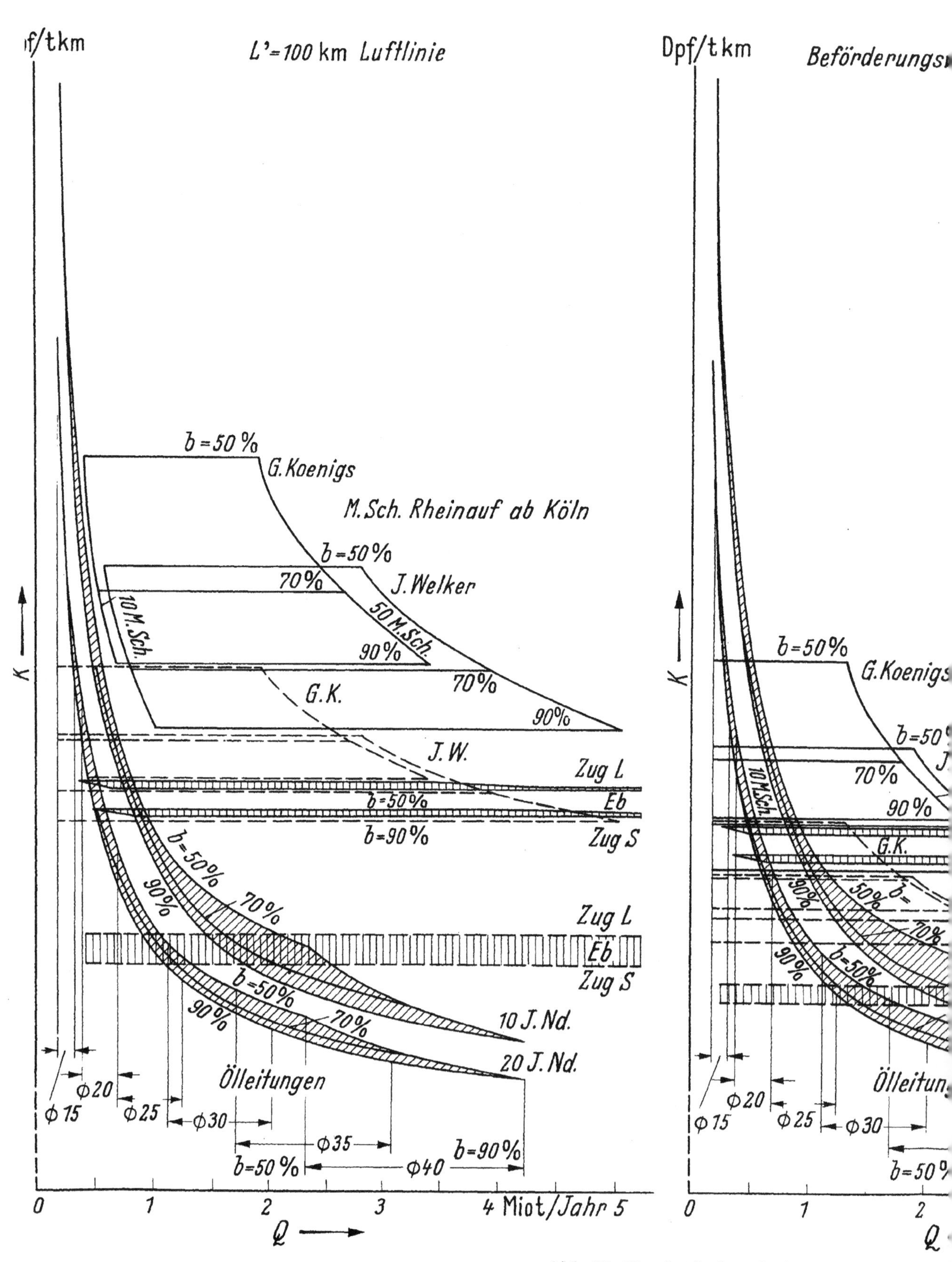

Abb. 20. Vergleich der objektiven Selbstkoste
in Abhängigkeit von der

Abb. 20

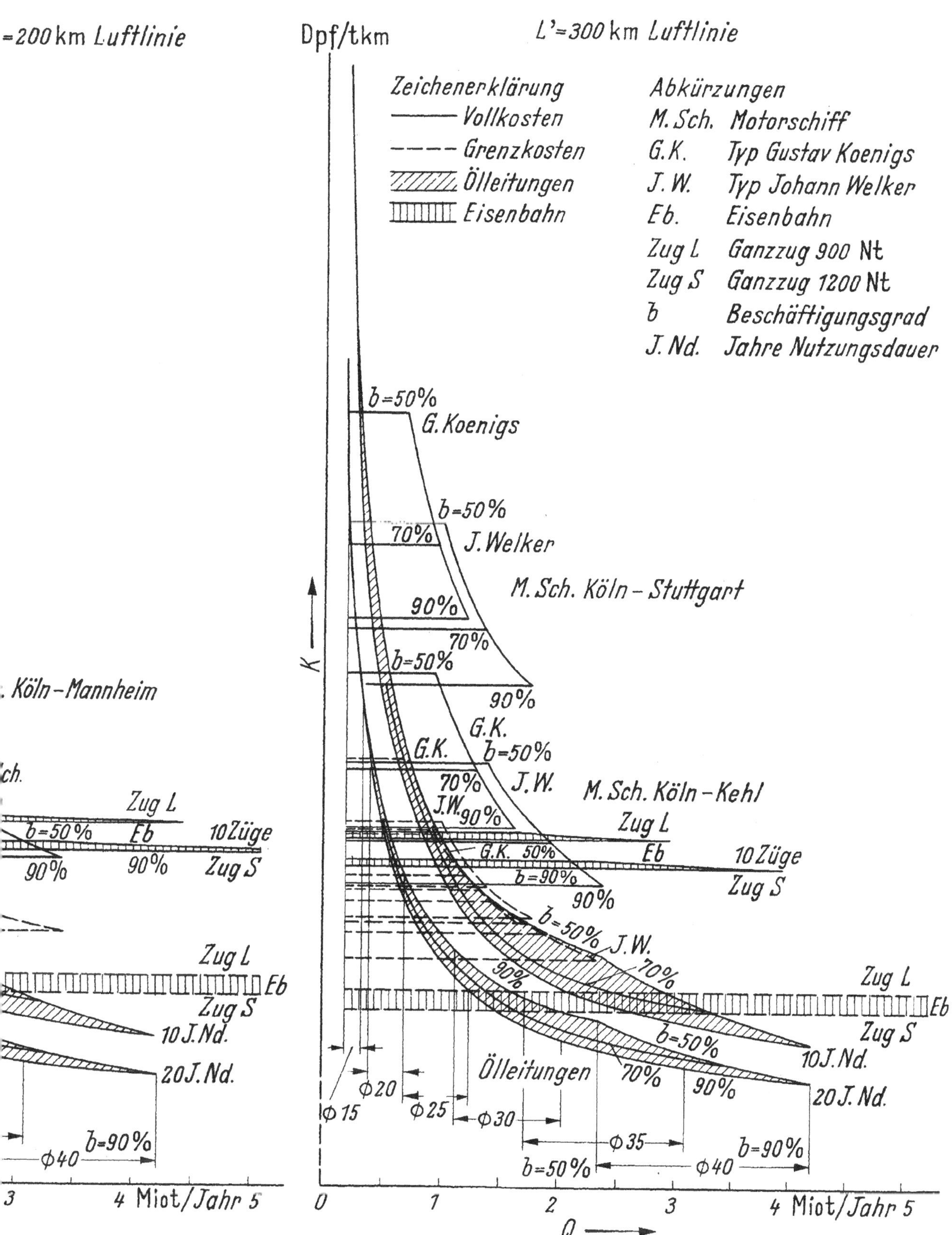

eraföltransportmittel im Knotenpunktverkehr
ngsmenge Q (Mio t/Jahr)

Springer-Verlag, Berlin / Göttingen / Heidelberg

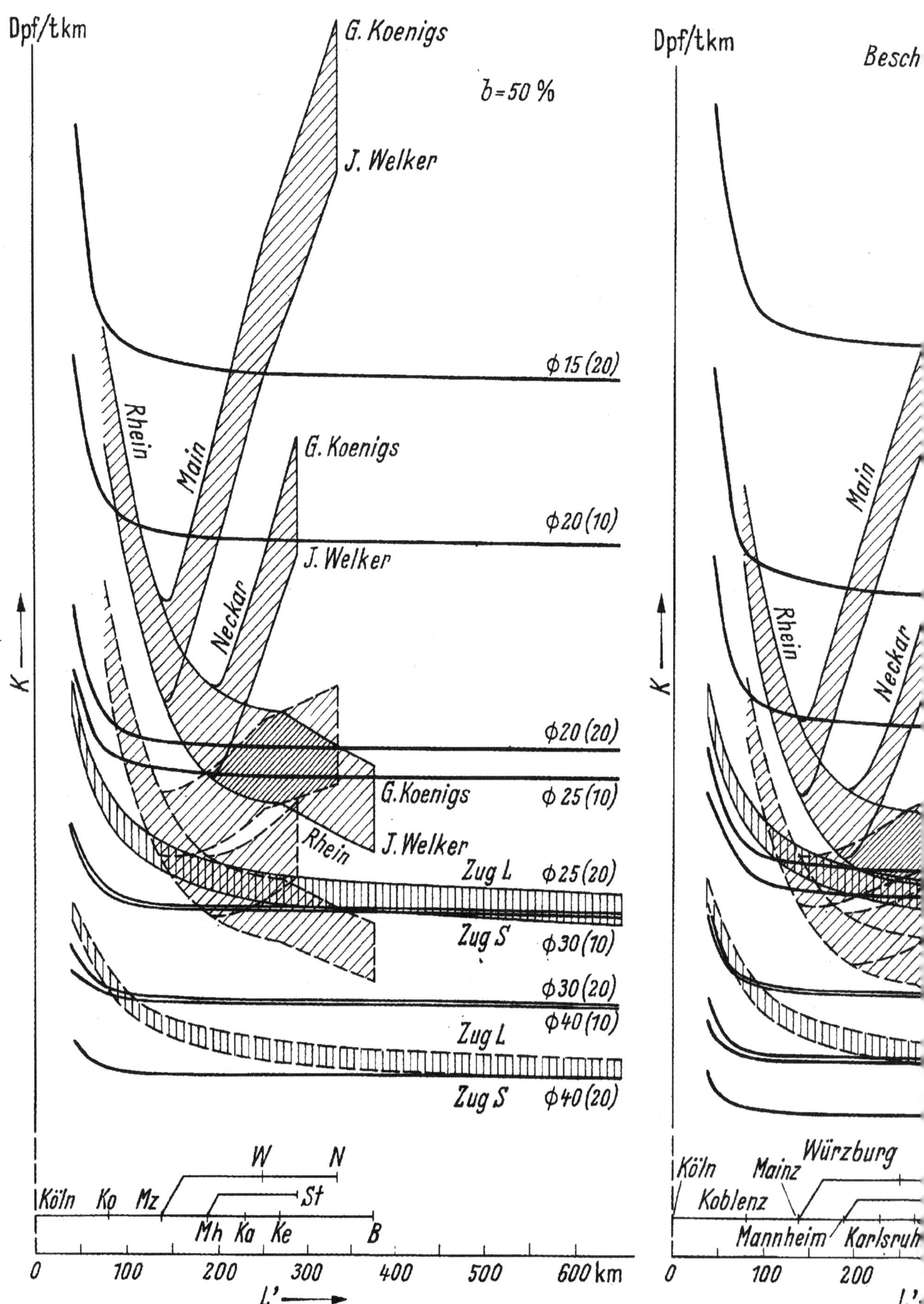

Abb. 19. Vergleich der objektiven Selbstko
in Abhängigkeit von de

Abb. 19

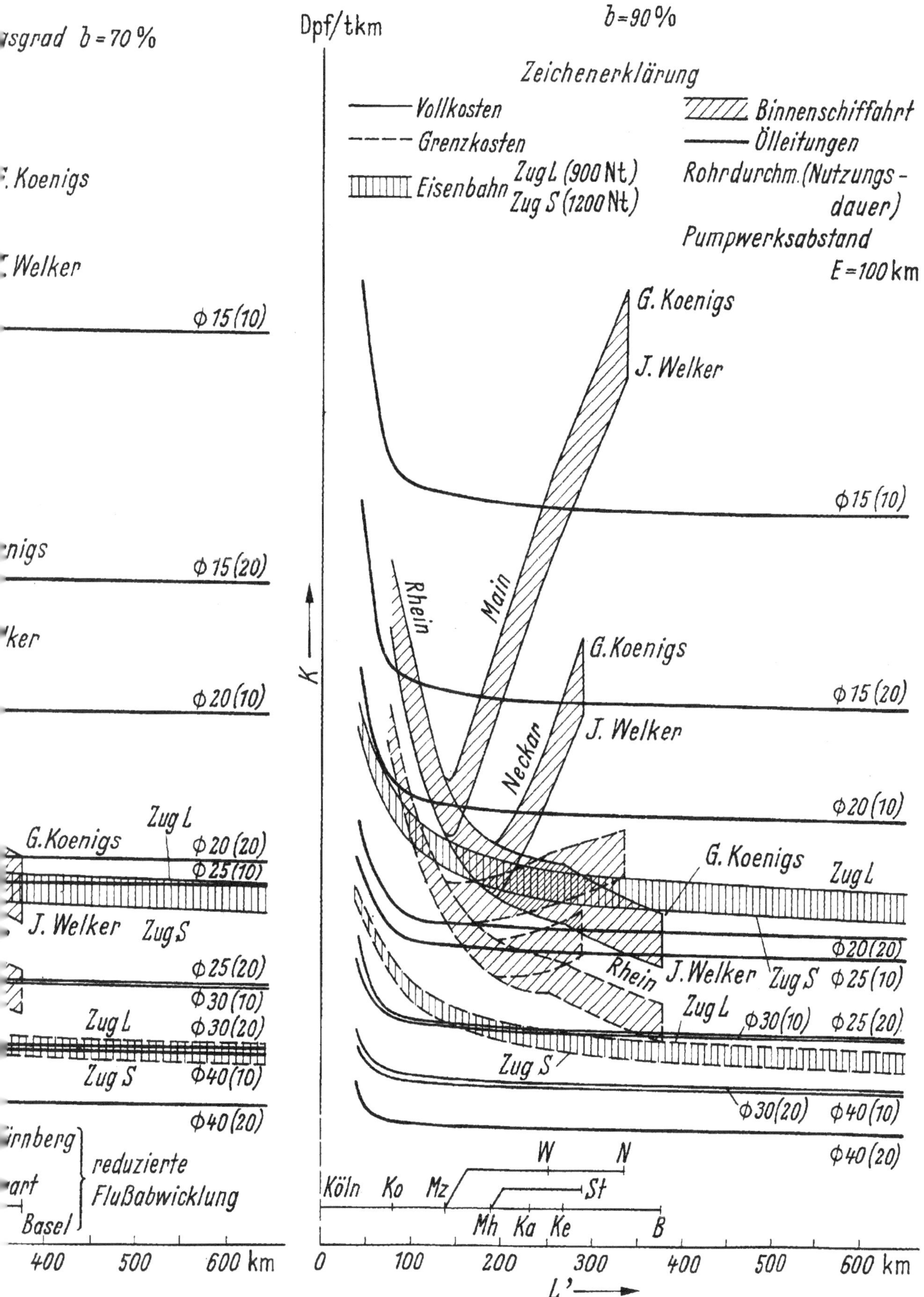

Mineralöltransportmittel im Knotenpunktverkehr
rungsweite L' (km Luftlinie)

Springer-Verlag, Berlin / Göttingen / Heidelberg

Die Kostenkurven für Motortankschiffe vom Typ G. Koenigs und J. Welker sind für passend ausgewählte Verkehrsbeziehungen ebenfalls für die Beschäftigungsgrade $b = 50$, 70 und 90% dargestellt und rechts durch die Kostenkurve für 50 Motortankschiffe abgeschlossen. Die Abhängigkeit der Kosten vom Beschäftigungsgrad ist stärker als bei der Eisenbahn.

6.3. Einsatzgrenzen der Ölfernleitungen

Die Einsatzgrenzen der Ölfernleitungen werden in verkehrswirtschaftlicher Sicht maßgeblich von den aufgezeigten technischen und wirtschaftlichen Tatbeständen bestimmt. Da die getroffenen Annahmen gewissen Änderungen unterliegen können, läßt sich aus den Ergebnissen dieser Abhandlung die Fragestellung nur größenordnungsmäßig beantworten. Dabei sollen zunächst die Selbstkosten näher betrachtet werden.

Den Abb. 19 und 20 ist zusammenfassend zu entnehmen, daß die Einsatzgrenzen der Ölfernleitungen vornehmlich von der jährlichen Beförderungs*menge* und weniger von der Beförderungsweite bestimmt werden. Von erheblichem Einfluß ist außerdem, ob die Vollkosten oder die Grenzkosten der universellen Verkehrsmittel dem Vergleich zugrunde gelegt werden.

Geht man von einem durchschnittlichen Beschäftigungsgrad von 70% aus, der nach den Ausführungen im Abschn. 2.1.2. eine hohe Wahrscheinlichkeit für den Ölproduktenverkehr besitzt, so liegen beim *Vollkosten*vergleich die Einsatzgrenzen der Ölfernleitungen

gegenüber der Binnenschiffahrt bei Rohrdurchmessern von etwa 15 bis 20 cm und
gegenüber der Eisenbahn bei Rohrdurchmessern von etwa 20 bis 25 cm,
je nach Beförderungsweite und Nutzungsdauer der Ölleitung.

Diesen Grenzen entsprechen Beförderungsmengen von $Q = 0{,}3$ (⌀ 15 cm), 0,5 (⌀ 20 cm) und 1,0 Mio t/Jahr (⌀ 25 cm).

Berücksichtigt man den volkswirtschaftlich beachtenswerten Umstand, daß die universellen Verkehrsmittel Binnenschiffahrt und Eisenbahn für die zusätzlich zu erwartenden Mineraltransporte weitgehend vorhandene Anlagen mitbenutzen können, so ist nach der im Abschn. 2.3.3. gegebenen Begründung ein Teilkostenvergleich für die Einsatzgrenzen der Ölfernleitungen maßgebend.

Ausgehend von dem untersten Wert der Teilkosten, den *Grenzkosten*, ergeben sich — wieder für einen durchschnittlichen Beschäftigungsgrad von 70% — die Einsatzgrenzen der Ölfernleitungen

gegenüber der Binnenschiffahrt bei Rohrdurchmessern von etwa 20 bis 30 cm ($Q = 0{,}5$ bis 1,8 Mio t/Jahr) und
gegenüber der Eisenbahn bei Rohrdurchmessern von etwa 25 bis 40 cm ($Q = 1{,}0$ bis 3,0 Mio t/Jahr),
je nach Beförderungsweite und Nutzungsdauer der Ölleitung.

Damit sind für einen besonders wahrscheinlichen Beschäftigungsgrad die Einsatzgrenzen der Fernleitungen für leichtflüssige Mineralölprodukte abgesteckt. Aus den Abb. 19 und 20 lassen sich die Einsatzgrenzen auch für andere Beschäftigungsgrade oder für bestimmte Annahmen hinsichtlich Beförderungsweite und -menge im einzelnen ablesen.

Für Beförderungsweiten unter 50 km sei nebenbei folgender allgemeiner Schluß erwähnt: Mit abnehmender Beförderungsweite steigen bei der Binnenschiffahrt und bei der Eisenbahn die Selbstkosten stärker als bei den Ölleitungen an, da der Anteil der Abfertigungs- und Umschlagskosten sowie der mit dem Umschlag zusammenhängenden Betriebskosten erheblich zunimmt. Die Einsatzgrenzen der Ölleitungen werden im Nahverkehr daher *unter* den oben genannten Rohrdurchmessern und Beförderungsmengen liegen.

Die genannten Einsatzgrenzen der Ölfernleitungen wurden aus dem Vergleich der Selbstkosten der Mineralöltransportmittel abgeleitet. Prüft man nun den im Abschn. 6.1. durchgeführten Vergleich wichtiger technischer Eigenheiten der Mineralöltransportmittel auf die technischen Einsatzgrenzen, so erhält man ein weniger scharf bestimmtes Ergebnis, das hinsichtlich Personal- und Energiebedarf Ölfernleitungen und Eisenbahn-Ganzzüge größenordnungsmäßig gleich, Motortankschiffe aber ungünstiger abschneiden läßt. Da die objektiven Selbstkosten neben diesen technischen auch die wirtschaftlichen Faktoren berücksichtigen, ist der Kostenvergleich letzten Endes maßgebend für die Einsatzgrenzen der Ölfernleitungen.

6.4. Einfluß von Änderungen der Annahmen auf die Ergebnisse

Abschließend ist noch zu untersuchen, wie sich Änderungen der grundlegenden Annahmen, z. B. der Preise, oder die vorgenommenen Vereinfachungen, z. B. bei der Ermittlung des Kraftstoff- oder Personalbedarfs, auf die Ergebnisse auswirken können. Dazu ist die Kostenstruktur der Mineralöltransportmittel zu erörtern.

Aus der Abb. 21 geht die Kostenstruktur der Mineralöltransportmittel im Knotenpunktverkehr hervor, dargestellt an der Aufteilung der Beförderungskosten nach den wichtigsten Kostenarten für ein charakteristisches Beispiel (Beförderungsweite $L' = 200$ km Luftlinie, Beschäftigungsgrad $b = 70\%$). Der Vergleich der einzelnen Werte für Ölleitungen zeigt mit zunehmendem Durchmesser und entsprechend wachsender Leistungsfähigkeit ein erhebliches Ansteigen des Anteils der Energiekosten, während die Anteile der Kapitalkosten, der bei den Ölleitungen besonders hoch ist, und der Personalkosten etwa gleichbleiben. Bei der Eisenbahn ist ein verhältnismäßig niedriger Personalkostenanteil zu bemerken, der auf die besonderen Verhältnisse des Knotenpunktverkehrs mit Ganzzügen zurückzuführen ist. Bei der Kostenaufteilung der Binnenschiffahrt rühren wesentliche Unterschiede daher, daß die Wegekosten auf dem Rhein wegen ihrer Geringfügigkeit vernachlässigt werden konnten, dagegen auf den kanalisierten Flüssen in Rechnung gestellt sind. Nebenbei ist noch darauf hinzuweisen, daß die Unterhaltungskostenanteile der Eisenbahn und Binnenschiffahrt höher als die der Ölleitungen sind, wie infolge der technisch komplizierteren Bauart zu erwarten ist.

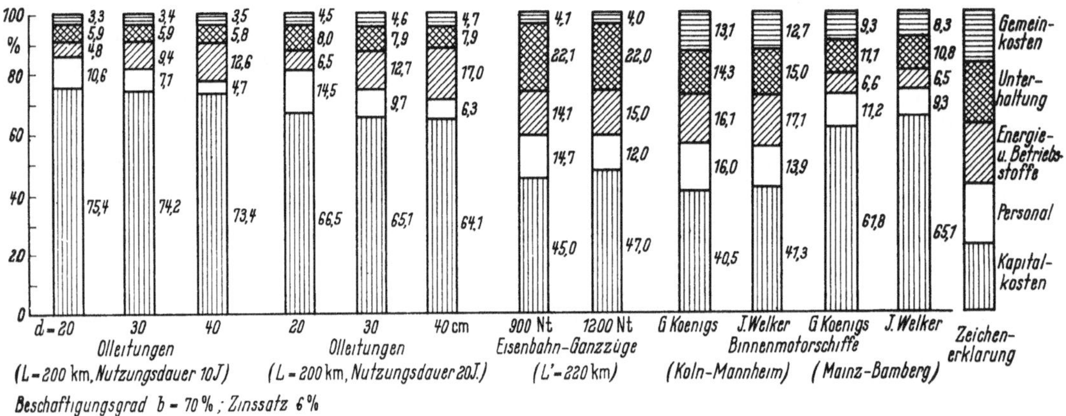

Abb. 21. Kostenstruktur der Mineralöltransportmittel im Knotenpunktverkehr

Dem auf der Abb. 21 hervortretenden hohen Anteil der Kapitalkosten, also der Kosten für kalkulatorische Verzinsung und Abschreibung der festen und beweglichen Verkehrsanlagen, ist zu entnehmen, welche überragende Bedeutung die Wahl des Zinssatzes und der Nutzungsdauer der Anlagenteile hat. Für den Beschäftigungsgrad gilt wegen des hohen Anteils der festen Kosten bei den Verkehrsmitteln sinngemäß dasselbe. Damit wird die ausführliche Untersuchung dieser Kostenfaktoren im Abschn. 2 gerechtfertigt, wonach für den Zinssatz und den Beschäftigungsgrad einheitliche Annahmen für alle Mineralöltransportmittel getroffen werden konnten, während die Nutzungsdauer den technischen Erfahrungen entsprechend unterschiedlich angesetzt werden mußte.

Aus der Abb. 21 geht weiter hervor, daß die Anteile der Personal- und der Energiekosten etwa je 6 bis 17% der Gesamtkosten bei allen Mineralöltransportmitteln betragen. Etwaige Änderungen der zugehörigen Annahmen und Grundwerte wären nur dann von spürbarem Einfluß, wenn eine

Fehlergrenze von $\pm$ 20% überschritten würde, die das Gesamtergebnis um $\pm$ 1 bis 3% beeinflußt. Damit zeigt sich, daß die durchgeführte überschlägliche Ermittlung des Energieverbrauchs im Rahmen dieser Abhandlung vollauf genügt.

Außerdem ist aus dem relativ niedrigen Anteil der Energiekosten zu schließen, daß die vollen Selbstkosten der Ölfernleitungen von der Zähigkeit des Förderguts nur wenig beeinflußt werden, solange das Öl nicht aufgeheizt werden muß. Die Erkenntnisse über die Einsatzgrenzen der Ölfernleitungen gelten daher nicht nur für die Beförderung leichtflüssiger Mineralölprodukte in der angenommenen Mischung, sondern im großen und ganzen auch für die Beförderung leichtflüssiger Rohöle. Der ursprüngliche Bereich der Untersuchung kann also allgemein auf leichtflüssige Mineralöle ausgedehnt werden, die durch Rohrleitungen ohne Wärmeschutz gepumpt werden können.

7. Zusammenfassung

Ziel dieser Abhandlung war es, die Einsatzgrenzen der Ölfernleitungen aus einem verkehrswirtschaftlichen Vergleich der Beförderung leichtflüssiger Mineralöle mit Massenverkehrsmitteln abzuleiten.

Um den Erkenntniswert der Abhandlung gegenüber den bisherigen vergleichenden Kostenuntersuchungen zu erhöhen, waren zunächst einheitliche oder zumindest vergleichbare Grundlagen zu schaffen. Dazu wurden die Entwicklung und die Schwankungen des Mineralölverkehrs untersucht und für den Beschäftigungsgrad der Mineralöltransportmittel einheitliche Werte abgeleitet. Weiter wurde dann eine methodisch einheitliche Kostenrechnung für die Mineralöltransportmittel entwickelt, die sich im Aufbau an die Kostenrechnung der Deutschen Bundesbahn anlehnt und insbesondere hinsichtlich der Wegekosten und Steuern von einheitlichen Annahmen ausgeht.

Anschließend daran wurden die neuzeitlichen Möglichkeiten der Beförderung leichtflüssiger Mineralöle durch Rohrleitungen, mit Eisenbahn-Ganzzügen und mit Motorbinnenschiffen auf verkehrswirtschaftlicher Grundlage untersucht. Die Ergebnisse sind dem Vergleich der Mineralöltransportmittel (Abschn. 6) zugrunde gelegt, der sich einerseits auf wichtige technische Eigenheiten und andererseits auf die objektiven Selbstkosten der Mineralöltransportmittel im Knotenpunktverkehr erstreckt. Die vollen objektiven Selbstkosten umfassen dabei neben den Betriebskosten auch die kalkulatorische Verzinsung und Abschreibung des in den Fahrzeugen und im Fahrweg investierten Kapitals.

Bei den in der Zukunft zu erwartenden Mineralölmassentransporten ist für die Einsatzgrenzen der Ölfernleitungen in volkswirtschaftlicher Sicht der Vergleich der Vollkosten der neuen Ölleitungen mit den Grenzkosten der vorhandenen Verkehrsmittel von besonderer Bedeutung. Der Vergleich der objektiven Selbstkosten zeigt, daß eine sichere wirtschaftliche Überlegenheit der Ölfernleitungen erst bei langjährig gesicherten Beförderungsmengen von mehreren Millionen Tonnen im Jahr zu erwarten ist. Wenn auch vor dem Bau einer Ölleitung Berechnungen anzustellen sind, die die besonderen Verhältnisse des Einzelfalles berücksichtigen, vermitteln die Selbstkostenvergleiche (Abb. 19 und 20) doch einen allgemeinen, größenordnungsmäßigen Überblick über die Kostenlage in Abhängigkeit von Beförderungsweite, Beförderungsmenge und Beschäftigungsgrad.

Die Untersuchung sollte am Beispiel einer speziellen Transportaufgabe zeigen, wie ein neu aufkommendes Verkehrsmittel mit den vorhandenen Verkehrsmitteln auf verkehrswirtschaftlicher Grundlage verglichen werden kann. Ausgehend von bestimmten einheitlichen Annahmen lassen die Ergebnisse der Untersuchung erkennen, in welchem zahlenmäßigen Bereich die Einsatzgrenzen der Ölfernleitungen liegen. Bei dem Sonderverkehrsmittel Ölfernleitung werden — ähnlich wie bei den anderen Leitungen — die Einsatzgrenzen letztlich durch Art, Umfang und Beständigkeit des Transportaufkommens in Wechselbeziehung mit den neuzeitlichen Möglichkeiten der Massenverkehrsbedienung durch die universellen Verkehrsmittel bestimmt.

Schrifttumsverzeichnis

Vorbemerkung: Im Text sowie auf den Tabellen und Abbildungen ist auf das Schrifttum durch Zahlen in eckigen Klammern verwiesen.

1. Bücher und Dissertationen

[1] Böttger, W.: Über Kostenrechnung und Preisbildung in Verkehrsbetrieben, Düsseldorf 1954

[2] Gandenberger, W.: Über die wirtschaftliche und betriebssichere Gestaltung von Fernwasserleitungen, München 1957

[3] Grünewald, H.: Ferntransport von Erdöl und Erdölerzeugnissen in Rohrleitungen, Dissertation Darmstadt 1944

[4] Healy, K. T.: The Economics of Transportation in America, New York 1946

[5] Herning, F.: Stoffströme in Rohrleitungen, Düsseldorf 1957

[6] Heidermann, H. u. B. Schieb: Das Problem des Kapitaldienstes für Kapital der öffentlichen Hand, Göttingen 1959

[7] Kirchgässer, W. u. a.: Kontenrahmen, Leistungs- und Kostenrechnung der deutschen Binnenschiffahrt, Duisburg 1954

[8] Kother, H.: Energieanforderungen der Verkehrsmittel in Deutschland, Verkehrswiss. Veröff. NRW, Heft 11, Düsseldorf 1950

[9] Mellerowicz, K.: Kosten und Kostenrechnung, Bd. I Theorie der Kosten, Bd. II Verfahren, Berlin 1957/58

[10] Meyer, H. R.: Der Verkehr und seine grundlegenden Probleme, Basel 1956

[11] Most, O.: Die deutsche Binnenschiffahrt, Verkehrswiss. Veröff. NRW, Heft 38, Düsseldorf 1957

[12] Müller, P.: Schiene-Straße und Schiene-Schiffahrt, Verkehrswiss. Veröff. NRW, Heft 30, Düsseldorf 1953

[13] —: Die Besonderheiten der Anlagenrechnung der Deutschen Bundesbahn, Darmstadt 1959

[14] Müller, W.: Fahrdynamik der Verkehrsmittel, Berlin 1940

[15] Neesen, F.: Gestaltung und Wirtschaftlichkeit der Land-, Wasser- und Luftfahrzeuge, Verkehrswiss. Abhandlungen, Heft 10, Jena 1940

[16] Pfleiderer, K.: Die Kreiselpumpen für Flüssigkeiten und Gase, Berlin 1955

[17] Pirath, C.: Die Grundlagen der Verkehrswirtschaft, Berlin 1949

[18] Predöhl, A.: Verkehrspolitik, Göttingen 1958

[19] —: Die wirtschaftliche Bedeutung des Nordsüdkanals, Münster 1958

[20] Richter, H.: Rohrhydraulik, Berlin 1958

[21] Schneider, E.: Wirtschaftlichkeitsrechnung, Tübingen 1957

[22] Schwedler, F. und H. v. Jürgensonn: Handbuch der Rohrleitungen, Berlin 1950

[23] Seiler, E.: Zum Problem der Wegekosten der Binnenschiffahrt, Duisburg 1959

[24] Sobeck, A.: Die wirtschaftliche Bedeutung von Rohölfernleitungen in der Bundesrepublik, Göttingen 1959

[25] Streck, O.: Grund- und Wasserbau in praktischen Beispielen, Berlin 1950

[26] Tecklenburg, K.: Betriebskostenrechnung und Selbstkostenermittlung bei der Deutschen Reichsbahn, Berlin 1930

[27] Teubert, O.: Binnenschiffahrt, Leipzig 1932

[28] Weber, E.: Edelenergie und Leitungstransport, Dissertation Köln 1957

[29] Wissenschaftlicher Beirat beim Bundesverkehrsministerium, Grundsätze für die Aufbringung der Kosten der Verkehrswege, Schriftenreihe des Wiss. Beirats beim BVM, Heft 3, Bielefeld 1954

[30] Rhein-Main-Donau-Großschiffahrtsstraße, Nürnberg 1958

2. Zeitschriftenaufsätze

Abkürzungen:

AVW	=	Internationales Archiv für Verkehrswesen
Erdöl u. K.	=	Erdöl und Kohle
ETR	=	Eisenbahntechnische Rundschau
Europa-V.	=	Europa-Verkehr
Schweizer. Archiv	=	Schweizerisches Archiv für Verkehrswissenschaft und Verkehrspolitik
Verkehrswiss. Veröff. NRW	=	Verkehrswissenschaftliche Veröffentlichungen des Ministeriums für Wirtschaft und Verkehr, Nordrhein-Westfalen
Z. f. Verkehrswiss.	=	Zeitschrift für Verkehrswissenschaft

[31] Berkenkopf, P.: Zur Frage der Kapitalrechnung der Investitionen in den Binnenverkehrswegen, AVW 6 (1954), S. 289 f.

[32] Bösch, G.: Planung, Aufbau und Betrieb von Ölfernleitungen, Öl und Kohle (1940) Nr. 23

[33] Böttger, W.: Um das Kostendeckungsprinzip bei Kanalbauten, Z. f. Verkehrswiss. 30 (1959) S. 146 f.

[34] Brettmann, E.: Das Kostenmaßstabverfahren der Deutschen Bundesbahn zur Berechnung der Zugförderungskosten, Archiv für Eisenbahntechnik, Folge 11 (Dez. 1958) S. 17 f.

[35] —: Zugförderungskosten in Abhängigkeit von Streckenneigung und Geschwindigkeit, ETR 7 (1958) S. 321 f.

[36] CHARRETON, R.: Le transport du petrole par pipeline, Annales Mines, Paris (1958) 6, S. 325 f.

[37] EFFMERT, W.: Methodik der Selbstkostenberechnung bei der Deutschen Bundesbahn, Archiv für Eisenbahnwesen 67 (1957) S. 133 f.

[38] FECK, A.: Die „Big inch"-Pipeline, Erdöl u. K. 9 (1956) S. 624 f.

[39] GERBEREUX, V.: Einige Probleme der Pumpenanwendung für Pipelines, Deutsche Worthington GmbH, Hamburg

[40] GRASSMANN, E.: Die Wirtschaftlichkeit technischer Neuerungen im Eisenbahnwesen, Bundesbahn 25 (1951) Heft 3

[41] GRÜNEWALD, H.: Die Röhre als Transportmittel, Europa-V. 3 (1955) S. 37 f.

[42] GUMMERT, F.: Probleme des Transportes in Leitungen, Z. f. Verkehrswiss. 23 (1952) S. 242 f.

[43] HAPPEL, O.: Neue Formeln zur Ermittlung der Anteile des Oberbaues an den Kosten einer Zugfahrt, ETR Archiv, Folge 7 (August 1956) S. 38 f.

[44] HÜRLIMANN, W.: Die Kostenrechnung in Eisenbahnbetrieben, Schweizer. Archiv 8 (1953) S. 337 f.

[45] KOTHER, H.: Energieverbrauch und Energiewirtschaft im Straßen- und Schienenverkehr, AVW 4 (1952) S. 193 f.

[46] LAMBERT, W.: Verkehrswirtschaftliche Probleme des Ölferntransports in Rohrleitungen in der Bundesrepublik Deutschland, Z. f. Verkehrswiss. 29 (1958) S. 142 ff.

[47] LINDEN, W. und E. WEBER: Leitungstransport und Verkehrswesen, Raum und Verkehr III, Bremen, 1958

[48] MARQUARDT, E.: Erdbedeckte Rohrleitungen und ihr Baugrund, Der deutsche Baumeister 14 (1953) S. 313 f.

[49] MOCK, F. J.: Nomographische Behandlung der Druckrohrberechnung, Bautechnik 35 (1958) S. 177 f.

[50] MORGENTHALER, K.: Bericht über das Kostengutachten Schiene-Straße, Verkehrswiss. Veröff. NRW, Heft 23

[51] MÜLLER, W.: Die Selbstkostenermittlung der Fernverkehrsbetriebe, AVW 2 (1950) S. 73 f.

[52] —: Funktionelle Vorausberechnung der Selbstkosten des Eisenbahngüterverkehrs, AVW 6 (1954) S. 313 f.

[53] NEBELUNG, H.: Selbstkostenermittlung im Schienenverkehr, AVW 5 (1953) S. 529 f.

[54] PIRATH, C.: Die volkswirtschaftliche Bedeutung des Ausbaus und Neubaus der Wasserstraße Rhein-Neckar-Donau-Bodensee, Z. f. Verkehrswiss. 22 (1951) S. 73 f.

[55] —: Die Beförderung von Massengütern auf Eisenbahn und Wasserstraßen, Verkehrstechn. Woche 21 (1927) S. 13 f.

[56] —: Das Selbstkostenproblem Schiene-Straße, Schiene und Straße (1953) S. 47 f.

[57] PRECHT, G. M.: Über den Nutzen von Selbstkostenberechnungen des Verkehrs, Verkehrswiss. Veröff. NRW, Heft 23, S. 40 f.

[58] RICHNER, O.: Die Ermittlung der Transportkosten im Eisenbahnbetrieb, Schweizer. Archiv 13 (1958) S. 32 f.

[59] SCHMIDT, J.: Die Selbstkosten der Verkehrsbetriebe als Grundlage für die Lösung des Koordinationsproblems, GOF-Verkehrsschriftenreihe Nr. 8, Wien 1952, und Öst. Bau-Z. 8 (1953) S. 69 f.

[60] SCHNEIDER, H.: Neue Wasserstraßen — ja oder nein? Flügelrad (1959) S. 1 f.

[61] SCHNEIDER, V.: Pipelines für Rohöl und Kraftstoffe, AVW 10 (1958) S. 263 f.

[62] SONNENKALB, O.: Transport, Lagerung und Verteilung von Mineralöl, Erdöl u. K. 8 (1955) S. 389 f.

[63] THERSTAPPEN, P. H.: Selbstkosten im Verkehr, AVW 3 (1951) S. 101 f.

[64] WALLMANN, K.: Beanspruchung und Herstellung geschweißter Stahlrohre für Pipelines, Erdöl u. K. 11 (1958) S. 244 f.

[65] WATKINS, W. G.: The design of oil fuel pipelines, Engineering Bd. 118 (1924) S. 793 f.

[66] WETZLER, W.: Selbstkostenuntersuchungen im Verkehr, Schiene und Straße (1953) S. 52 f.

[67] WOLFF, A.: Sicherheitsfragen beim Bau und beim Betrieb von Eisenbahnkesselwagen für gefährliche Ladegüter, Glasers Annalen 82 (1958) S. 39 f.

[68] Das Verlegen von Erdöl-Fernleitungen, Erdöl u. K. 10 (1957) S. 259

[69] Pipeline-Pumpen und -Antriebsmotoren, Erdöl u. K. 9 (1956) S. 344